多肉植物
玩赏手册

[日]FG武藏/编著

DECO

千差万别的形状和颜色。

多肉类真是不可思议的奇妙植物。

多肉植物的种类多达10000种以上。

也有人说多达20000种，

即使是植物学家也无法完全了解它们的全貌。

每一种都有着鲜明的个性，呈现的面貌也是千差万别。

不同的品种，我们用来比喻它们植株姿态的词语也是截然

不同。

"好像宝石"、"真像恐龙"、

"好奇怪的颜色"、"真诡异的样子"、

"刺呼呼的"、"胖滚滚的"、

"好肥厚"、"真透明"、

"水灵灵的"、"干巴巴的"。

正因为多肉植物有着丰富多彩的个性，同它们朝夕相处的

方法也是多种多样。

总而言之，和其他植物不同，多肉植物不仅值得我们细心欣

赏，更适合我们带着一种轻松的心态，与它们快乐玩耍。

所以，我们把这本书起名叫做"多肉植物玩赏手册"

下面，就让我们一起来体验多肉"玩赏"的乐趣，分享多

肉"玩赏"好创意吧！

Contents

多肉植物的
魅力和玩赏方法

多肉的魅力首先是它们那让人眼前一亮的形状和颜色。最大限度地发挥出多肉丰富面貌所具有的独特魅力，是一件赏心乐事。

魅力

〈 独具一格的植株姿态 〉

肉嘟嘟、刺呼呼、

蓬蓬松松、疙疙瘩瘩……

多肉们有着自己独有的形状和质感。

百看不厌，触手可及，

肉肉是园艺植物里不容忽视的存在。

〈 精致微妙的颜色 〉

有单纯的绿色，

也有带着红、黄、蓝色调的色泽。

有覆盖银粉的，

也有的生有各色的斑纹，

还有到秋天会变成红叶的品种。

1

和意趣独特的杂货
搭配装饰

富于立体感的形状和意趣盎然的
杂货可谓天作之合。和杂货搭配
玩赏，充分彰显出多肉的颜色和
润泽感。

2

不同的多肉植物
组合起来妙趣横生

不同的品种组合之后，可以创造
出截然不同的表情。组合、迷你
小盆的集合、形状、颜色和质感
的独到之处更加显眼。

3

观察生长过程也充满乐趣
在养护的同时用心观察

苗壮的生长、蓬勃的分枝，让人
体会到植物原生态的生长过程。
多肉的成长大有看头。趁着养护
的机会仔细观察吧。

迷人的株型、柔美的色彩让人心绪宁静

拥有多肉植物
的小生活

肉乎乎的独特形状和深沉的色泽……
发挥出多肉独特的魅力。
下面我们来到几处多肉"玩赏"高手的花园吧，
看看他们和肉肉们一起度过的园艺时光吧。

Living
with
the SUCCULENTS

Living
with
the SUCCULENTS

Case

1

小F家

小小的花盆和组合盆栽
作为家居陈列的重点

　　小F原先喜欢草花，在阳台上种满了各种草花。4年前，偶尔从朋友手上得到一盆莲花般的长生草，从此开始了培育多肉植物。最初感觉它们的形状和质感都怪怪的，十分不适应，难以亲近。后来慢慢了解到芦荟"不夜城"、青锁龙"南十字星"和十二卷"鹰爪"这些植物们有趣的形状和形象的命名后，逐渐被多肉的魅力所吸引。在阳台上不仅摆满单独的迷你花盆，也种植了叶色五彩缤纷的组合，一时间热闹无比。买了房子之后，庭院扩大，更让她兴起了挑战大型盆栽的念头。

不同形状花盆里栽种的多肉
摆设出高低错落感

用古旧的大汤勺和水壶来代替花盆种上多肉，放置在手工制作的空调室外机木罩上，显得别有风味。

做旧效果的蓝色小水壶里栽种着
景天(*sedum glaucophyllum*)。

车站风格的小屋
成为陈设组合盆栽的空间

 A 重叠放置的古旧画框，点亮了组合栽植的色彩。
 B 蓝色和绿色的花盆，让盆栽的格调更加脱俗。
C 带把手的旧木盒代替花盆，左侧种上一株高大
　的植株，整体效果丰满而自然。

B

A C

Column

狭小的空间里
利用墙壁表面来立体化装饰

现在新家的庭院里，小F可以尽情玩赏多肉植物了。但是两年前，她还是一个阳台玩家。为了在有限的空间里，充分彰显出多肉植物们丰富的表情，她活用了所有的墙壁和架子来摆放植物，可谓煞费苦心。

小木箱和架子
代替花台

上：盆栽的黑法师映衬着白色的架子，对比鲜明。

下：墙壁前面放置的木箱里，把肉肉的花盆摆放进去，显得干净清爽。

手工架子的制作
参见P90页

在手工木架上整齐排列
还可以兼作育苗区

将木板DIY固定在墙壁上，搭设一个多肉专用的架子。直径7.2厘米的塑料花盆里的植物这里可以放置21盆。

Living
with
the SUCCULENTS

Case

2

伊藤家

利用涂漆的花盆
打造一座色彩缤纷的场所

角落的木架上并排摆放着自己重新涂漆的花盆。空花盆和杂货摆放一起不但美观而且取用也很方便。

加入自我特色的摆设
欣赏红叶季节的色彩

进入12月后,各种多肉植物都染上了红色,露出和夏日截然不同的面容。鲜红、酒红、深褐等,多肉们中间也星星点点的点缀着红色,富有变化的层次仿佛奏出一支沉着、安恬的红色交响曲。古典色彩十足的庭院里,主人为了增加风味,又装点了许多手工涂色的花盆和花架。作旧效果的彩色花盆和色彩鲜明的背景,显得多肉的样子和质感越发丰富多彩,给人留下印象深刻的一幕。

把会变成红叶
的多肉集中栽培

Ａ 将木箱重叠起来做成展示架，白色涂漆后，小叶子的姿态越发显眼。

Ｂ 青锁龙"火祭"等红叶的多肉合植之后争奇斗艳，光彩照人。

Ｃ 把涂成褐色的火柴架作为花盆，质朴的素材凸显了盆中多肉的光泽感。

Ｄ 旧白色花盆里，颜色和形状对比鲜明的多肉组合在一起。

将3个迷你花盆并排放置
营造出存在感

特别适合和多肉搭配的铁皮花盆。将同样的花盆并排放置，可以集中视线，即使小小的单品也产生出存在感。

Living
with
the SUCCULENTS

以大型的大和锦为主角，搭配了风味十足的怀旧系多肉。姿态典雅，棵棵都绽发着独特的光彩。

Living
with
the SUCCULENTS

蓝色和绿色清新秀美
初夏时节光彩照人的组合

和红叶时节不同，初夏时节的多肉植物晶莹圆润仿佛要透出水来。为了最大限度的焕发出这个季节多肉的润泽感，伊藤在花盆的选择和空间营造上都用心良苦。

薄荷绿的架子成为
清新的舞台

作为多肉植物的展示架，选择了薄荷绿的木质架子。与肉肉们的色彩相得益彰，打造出一个明朗的角落。

为了展现多肉的光泽和刺感
在素材和质感上费尽心思

上左：涂刷花盆的时候，在油漆里混合一些沙土，让表面看起来粗糙不平，更有原始的风味。
上右：使用金属质的铝花盆，焕发出多肉的润泽感。
下：质朴的铁皮罐作为花钵和肉肉们油润的外表产生清晰的对比。

旧工具和多肉的绝妙组合
描绘出一个抒情的意境

以多肉植物为主的园艺和杂货店铺"心之橄榄",一进门,先看见水润的绿色植物和旧工具并排放置在地面上。

在园路旁边有枕木装饰的架子,还摆设着主人长期收集来的旧工具。再用旧的木箱和长椅等家具,营造出心情舒适的绿色空间。

让这样一个本来很可能沦为杂乱的空间显得清爽自然,多肉植物们功不可没。其实,这里的肉肉多半是销售的商品,因为是小小的单盆种植,所以可以自由调配,任意组合。随手搭配的单盆小植物,让空间更加和谐,演绎出别具一格的庭院氛围。

饶有趣味的枕木和木盒子
做成高低错落的花台

利用朴实的原木作为花台,让小小的花盆也可以正好摆在视线的高度来欣赏。高低错落的变化,形成具有节奏感的配置。

用旧的双耳锅作为容
器的组合栽植，绿色
的变化清新油润，散
发着神采奕奕的光芒。

Living
with
the SUCCULENTS

A	B
C	D
E	

通道的墙面上装饰着准备出售的多肉们

A 藤制托盘里集中了多肉植物，成为装饰性的陈列。
B 把悬吊的旧网片里放上迷你小花钵，给予空间自由的动感。
C 同样尺寸的多肉集中放在木箱上，集体的演出更有存在感。
D 自然的藤制套盆把花钵和组盆展示得妙趣横生。
E 放置在长椅上的迷你多肉好像童话故事一般，吸引路人驻足。

多肉植物的各种活用
让庭院个性十足

旧货和多肉的组合，让庭院处处绽放出无拘无束的灵感光彩。
组盆、壁挂、地栽等各种风味不同的多肉，呈现出迥异的个性。

豪华的组盆
兼做了门口的迎宾牌

这个富于动感的组合栽植，使用的是株型
奔放的野趣品种。好像店铺的招牌一样，
招呼路人进入前方的店铺。

和旧杂货一起
欢快地装点着窗户的周围

在窗旁悬吊着的是多肉的花盆和
黑色旧水壶，让空间具有了韵律感。

生长迅速的春秋季节
地栽更让它们自由生长

春季和秋季的生长季节时把景天、石
莲种植在地里，可以欣赏到它们在盆
栽时所感受不到的旺盛的生命力。

Living
with
the SUCCULENTS

Case

4

小川家

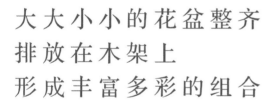

Living
with
the SUCCULENTS

大大小小的花盆整齐
排放在木架上
形成丰富多彩的组合

DIY制作的墙面木架上满满当当的挤满了各种多肉的组合，这就是小川家的迷你多肉花园。略略带有红润的多肉叶片，宣告着红叶季节的来临。主人从4年前开始醉心于多肉植物，不知不觉中收集的品种就增加到自己难以管理的数量。怎样把这些个性化的株型、微妙奇特的色彩组合在一起，各种尝试让他埋头其中，忘记了时间。

这个把大大小小的花盆合理组合后精心放置的棚架，正是小川凝结了创意心血的作品之一。

为了衬托出叶色绚烂
选择了低调色系的花盆

虽然花盆的尺寸、形状各不相同，但是都选择了素雅的颜色制造出统一感。使用蛋糕模子等厨房用品代替花盆，展现出独特的外观。

装饰窗上划分出格块
成为迷你花盆的指定席

A

B

A 把装饰窗分割成小型的4块，陈列
上迷你花盆。可爱的肉肉聚集在一起。
B 花盆不重叠，烘托出多肉的叶色
多彩。

Living
with
the SUCCULENTS

小花盆放在上层，稍重的组合盆栽放置
在下层，让整个陈列具有稳重感。

配合多肉植物的个性
选择形状各异的架子和花台

用木板墙壁围绕的小川家的庭院，悬挂架子和壁架大展身手。枝叶垂吊的，向上伸展的，细叶密集的……选择和多肉的植株形态能够融为一体的架子。

植株矮小的多肉植物
放置在紧凑的架子里

株型较矮小的植物，例如植株较小的莲座状石莲花盆，放置在紧凑的架子里。

悬吊的花盆托架
欣赏垂吊生长的植物

像珠链般下垂的"绿之铃"，把托架挂置在墙壁或栅栏的较高位置。

向上伸展的株型
放置在富有原始风味的
托架里

石莲花花茎伸展，给人野生粗犷的印象。粗糙的铁皮盆托更显出意境。

来自两位明星园艺师的

多肉植物
盆栽玩赏
组合大对决

这一次，以植物组合盆栽而著称的两位明星园艺师，小黑和阿雅将来进行一场多肉植物组合对决。他们将分别就三个题目各自进行的玩赏组合。

VS

Profile

黑田健太郎

擅长庭院里独特品位的组合栽植作品，在园艺杂志担任专栏园艺师。

Kuroda Kentaro

Eifuku Ayako

Profile

荣福绫子

富有戏剧性的组合栽植和盆栽组合广受好评，为各种园艺杂志提供组合提案。

小黑作品

阿雅作品

初学者也OK

小花盆的玩赏

小黑的组合

将空罐头盒涂刷后
成为个性十足的一盆。

准备3个空罐头盒，在底部打开排水的孔，代替花盆栽
种肉肉。多肉植物随着生长会破坏整体的株型，注意
要选择植株紧凑、高度不高的品种。改变罐子的数目、
尺寸、样式后，可以根据自己的创意玩出不同的造型。

阿雅的作品

利用叶插来玩繁殖
让人想起一颗颗宝石的精致组合

浅型的盆子非常适合不大需要水分的多肉植物。为了显示出多肉的色彩，以灰色的花盆为主题，再加上白色的铁皮花盆，增加了亮度。周围扦插着好像宝石般晶莹透明的叶片，熠熠生辉。这种兼具育苗作用的组合，还可以观察到小肉肉成长时日新月异的变化。

mai 1888

mai

juillet 1888

septembre 1888

Point 1

空罐的涂刷
是组合的亮点

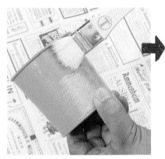

使用砂纸将涂刷
过的罐子底部
轻轻摩擦，制造
出仿旧的效果。

准备3个高度不同的空罐头
盒子，在涂刷时注意考虑到
排列时的变化效果，选择适
合的颜色。

剪切下喜欢的外
文报纸或图案，用
咖啡或红茶浸湿
染色，贴在花盆上。

Point 2

系扎麻绳会让
作品更加自然

低矮的罐子放在前方，将罐
子上的贴纸角度调整到自然，
用麻绳扎系起来。

A

B

C

景天
"小美人"

景天
"小景天"

景天
"玉缀"

Plants List 植物清单

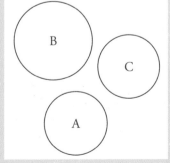

养护的要点 ▸ 生长都十分缓慢，如果枝条过多，从植株
基部疏枝剪断，以利于通风透气。

阿雅的搭配要点

Point 1

各种品种的叶片和插穗散放来玩赏

选择叶子容易摘取的"姬秋丽"或"白牡丹"来叶插,主角采用红色的"茜之塔"。准备好颜色质感不同的叶子和插穗,

用镊子小心插好叶子和插穗,布局完成后,在培养土上面摆放一层颜色明亮的沙砾,让浅色的叶片也醒目起来。

Point 2

把形状大小不同的花器重叠放置在小小的空间里尽情玩赏

朴素的素烧盆和明亮的铁皮盒,材质不同的花器组合起来,周围搭配的杂货风格也可以更广泛。

"姬秋丽"

"茜之塔"

"白牡丹"

Plants List 植物清单

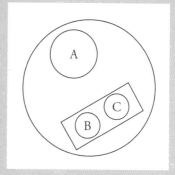

养护的要点

叶插的苗苗成活之后,可以用于组合栽植,也可以赠送朋友,在空出的空间里再次培育新的小苗。

*小花盆的周围,零星点缀色彩缤纷的多肉扦插叶片。

装饰墙壁同样出色

活用于墙面
DECO的盆栽

The Garden Book

PHAIDON

小黑作品

用铁丝悬挂在架子上摇曳身姿
体验陈设品的动态美

把涂刷过的木箱悬挂在墙壁上，装饰了色
彩艳丽的杂货和多肉植物。要点是，茶色
的玻璃瓶里种植差枝条悬垂的"绿之铃"。
瓶颈上缠绕了铁丝，悬挂在棚板的格子上，
动感十足，成为画面的焦点所在。

放在墙壁上也OK
DIY一个可以栽种植物的木架

DIY带有放置杂货的棚架的壁挂式大花箱,是组合的要点所在。涂刷成白色的棚面上垂吊式多肉优美的浮现,做成了纵长的形状。涂刷使用了米白色涂料里面混合进干燥的香草叶,进一步提升了整体的情调。这个架子也可以用于壁挂或单独放置。

Theme2 装饰墙壁同样出色
活用于墙面
DECO的盆栽

小黑作品

小黑的搭配要点

Point 1

玻璃瓶上卷上铁丝
垂挂于木箱的隔板下方

贴上喜欢的报纸或杂志的插图或文字，瓶子立刻精美变身。再将瓶颈拴上铁丝。

铁丝不要全部卷完，在末尾处留下一截扭结成圆环收尾。这样完成后的圆环就可以挂在挂钩上。

Point 2

在没有下排水孔的玻璃瓶
里放上防止根部腐烂的药剂

因为瓶子不能排水，在培养土里加上木炭等防止根部腐烂的药剂。

Plants List 植物清单

景天
"黄金细叶景天"

景天
"鲁本斯"

千里光
"绿之铃"

青锁龙
"大卫"

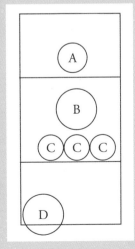

养护的要点

在日照良好的地方放置木架，要控制浇水，枝叶如果过分生长，考虑到整体的效果适当修剪。冬天放在室内日光良好处管理，防止霜冻和严寒。

阿雅的搭配要点

Point 1

种植箱设置了足够的高度
可以欣赏到植物枝叶悬垂下来的美感

壁挂式种植箱的
制作方法参照P92页。

生长之后枝叶长垂，因为种植箱很深，整体的观赏效果不会破坏。和"绿之铃"、"京童子"的搭配也非常合适。

Point 2

小小的装饰棚架上
根据心情变换不同的陈设

即使不更换种植箱里的花草，把棚架上的杂货和小盆栽换一换，也可以改变不同的心境。

伽蓝菜
"月兔耳"

伽蓝菜
"福兔耳"

青锁龙
"波尼亚"

青锁龙
"乙姬"

Plants List 植物清单

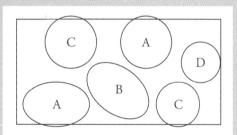

养护的要点

全部是株型不容易散乱的品种，可以长期欣赏。兔耳一类生长过度时，可以把枝条剪断，扦插在空隙的泥土里。青锁龙如果繁盛得挡住其他花苗，需要疏除部分枝条，以利于通风透气。

Theme 3

玩转奇特微妙的叶色

尽情体验各种
多肉的色彩

小黑作品

自然风格的带把手花篮
好像插花般组合栽植

精选色彩和品种各异的多肉植物组合在这
只带把手的提篮里。石莲花等给人深刻印
象的品种,选择了叶子较小,叶色和叶形
都有特色的品种。而植株较高的品种种在
花篮中央,让组合栽植的整体看起来有蓬
松感。是一个非常适合赠送友人的礼物。

阿雅作品

生长期、冬眠、开花可以玩赏到春夏秋冬的不同面貌的盆栽

铁皮花器涂刷上混合了石沙砾的亮绿色油漆、花器细长、纵深很短，所有品种的生长状态都一览无遗。叶子蓬松繁茂，冬眠一般暂时停止了生长，过后又猛地开放出绚丽的花朵……春夏秋冬，多肉的丰富的变化，让人时而心跳、时而雀跃的组合。

小黑作品

小黑的搭配要点

Point 1

铺上塑料纸以后
花篮变身为栽培容器

将可以覆盖花篮的大小的
塑料纸卷成细卷,用打孔机
随意打出孔洞。

开孔后的塑料纸铺设于
花篮的内侧。

放入土壤,根据花篮的
高度裁剪塑料纸。

Point 2

利用植物高度的不同
像花束一般栽种成浑圆的形

把个子较高的植物放在中央。
枝条长垂的景天类稍微倾
斜种植成从花篮里伸出的
样子,具有动态之美。

A 伽蓝菜 "黑兔耳"	G 青锁龙 "姬神刀"
B 圆扇八宝	H 白花景天
C 青锁龙 "舞乙女"	I 景天 "玉叶"
D 厚叶草 "千代田之松"	J 伽蓝菜 "花叶圆贝"
E 景天 "黄金圆叶景天"	K 青锁龙 "星王子"
F 青锁龙 "茜之塔"	L 青锁龙 "星芒/星公主"

Plants List 植物清单

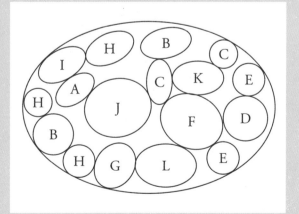

养护的要点

植株生长后姿态会散乱,这时可以修剪来整理整体的
株型。大约玩赏一年以后,需要重新种植一次组合。

阿雅的搭配要点

Point 1

品种以景天为主
颜色变化实现丰富的表情

反曲景天

细叶黄金景天

除"乙姬"和"子持年华"，都是容易栽培的景天属植物。利用了绿色的深浅变化鲜明的品种来组合。

景天"小姬星美人"

Point 2

使用分株后紧凑的苗苗
彩色的变化起伏来配置植物

小盆的时候，可以把育苗钵里的苗分成两株来使用。从植株的根部小心地分成两半。

分株后的苗种植在花盆不同的地方，既有华美感，又有自然的色彩渐变。

A 景天
"黄金细叶景天"

B 景天
"日本景天"

C 景天
"松叶万年草"

D 青锁龙
"乙姬"

E 景天
"小姬星美人"

F 景天
"黄金圆叶景天"

G 瓦松
"子持莲华"

H 景天
"白花景天"

I 反曲景天

Plants List 植物清单

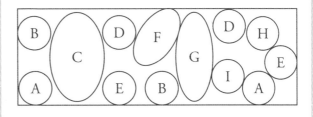

养护的要点

培育得好的话，可以苗壮，从花器里蔓延出来，根据需要剪断不要的枝条部分。剪下的枝条可以用于扦插。

抓住要点完美搭配

组合栽植的基本课程

因为植株的个性，即使是一小盆多肉的组合栽植也可以趣味十足。抓住基本要点，创意出属于自己的一盆吧！

伽蓝菜"月兔耳"

瓦松"爪莲华"

杂交种"静夜玉缀"

千里光"京童子"

瓦松"玄海岩莲华"

土（营养土：赤玉土=7：3）

钵（直径15厘米，高度9厘米）

底石

铁丝网

1 把花钵底部的排水孔上覆上铁丝网，在花盆底部铺垫一整层底石。大约占花盆的2成。

2 考虑完成后的形态，把5个品种的花苗先在地上摆放尝试，决定栽植时的大概位置。

3 营养土和赤玉土（7：3）混合后放入。盆深的时，以5：5的比例。

4 轻轻松散根部的土壤，根部的下方不要动它，把两侧的土壤轻轻拨散。

5 苗子使用一半时，把住根部，慢慢掰成两半。

6 从最里面的苗开始种植。沿反时针方向种植一圈。

7 种下苗子后，轻轻加土，土不够时，逐步增加。

8 分株后的京童子的一半种在正前方垂悬下来，增添气氛。

9 主角是斑叶的。保持顶点的高度。

10 全部种植完毕，认真检查是否像花束一样呈圆球形。

Finish!

从正面检查观看效果。旁边垂悬的枝条必须面向前方，组合盆栽整体才有通透的感觉。

和多肉植物组合的花器

pot catalogue

多肉植物品种丰富，大小形状都是千变万化。根据装饰方法和多肉的个性选择，花盆，我们在此收集了材质、形状尺寸不同的花盆。

花盆底部没有开孔的产品，适用于套在育苗盆外面的套盆。正常使用时，最好用钻头开孔后使用。

深蓝　　米白　　天蓝　　大红

1

颜色丰富的迷你小桶

颜色艳丽，给人朝气蓬勃的印象，和植物做出各种组合。

怀旧情调的酒杯花盆

高脚杯形状的铁质花盆。带有银光的色泽给人高贵的感觉。

2

3

瘦长的铁皮盆

细长的形状十分罕见，茶色的铁锈色耐人寻味。可以放入仙人球和绿色植物作为主角。

小型花器

展示迷你小肉肉的可爱小花盆

纸质芝士盒

多彩的芝士盒，内部涂了蜡质涂层，具有防水性。

悬挂式铁盆

在铁皮外面贴上的纸标签十分有情趣，在里面放入小育苗盆做套盆。

4

5

白桦木雕刻花盆

用天然的白桦木段做成的天然花盆。自然的树木感和仙人球、多肉类搭配完美。

6

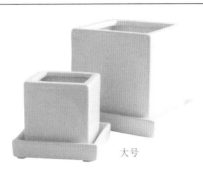

大号

小号

方形花盆

7

半瓷器的光泽，让植物看起来水嫩新鲜。下面配有托盘，适合直接种上植物后放在室内。

铁皮罐头花盆

罐头盖剪切成波浪形，设计非常新颖。生锈的感觉和深色的多肉也十分搭配。

8

小型花器

9

茶色

本色　　黄色

天然素材的环保花盆

利用稻壳、竹子、麦秸秆等植物纤维压缩而成，使用后可以还原于土壤，是一种环保的产品。

超小的迷你花盆

令人难以想象的超小迷你红陶盆，适合于扦插多肉宝宝的育苗。

10

5.5厘米　　　　10厘米

1

提篮式花器

八角形竹编提篮, 适合个性化的组合盆栽。可作为套盆或花束式栽培。

带网格的种植箱

具有生锈效果的种植箱, 网格部分可以装饰小杂货, 和多肉植物一起陈设。

2

大型花器

种植大型仙人球和多肉植物的大花盆

3

木质的花盆套

脱色后的白色木材做的花盆套。朴素的木材质感带来柔和自然的感觉。

蕾丝花边陶瓷盆

具有柔美的色泽和蕾丝状花纹, 甜美雅致。把莲座型的多肉栽种成花束状, 可以做成优雅的组合。

4

5

灰　　黄绿　　米白

纸黏土花钵

纸黏土制钵盂状花钵憨厚敦实的形状非常可爱。色彩微妙, 和任何植物都十分般配。

陶制横长花盆

具有陶器的质感和花纹, 古典风的物品。花盆较长, 种植了数株植物后, 可以把景天填充在缝隙里, 显得更加丰满。

6

7

壁挂花盆

挂钩设计成典雅的花纹的
铁皮盆,适合栽种枝条下
垂的多肉。

优雅的印花花盆

深沉的黑色和沉稳的
图案,搭配在一起具
有成熟的风情。适合
栽种茶色、黑色等颜
色较深的多肉。

8

大型花器

蓝色的双联花盆

把莲蓬头设计成雕塑
的个性化双联盆。配
合高株型的蓝色仙人
球或多肉都适宜。

椭圆形铁盆

带有圆角的横长花
盆,给人柔美的印象。
带有把手,可以便利
地移动。

9

10

11

红陶花盆

带有布纹的红陶盆,施有仿青苔的涂
色。种植大型仙人球,做成一个吸引眼
球的展示。

灰色

赤土色

和杂货一同玩赏
立刻变成多肉植物的粉丝！

杂货 × 多肉植物，魅力加倍！ 乐趣也加倍！

小小的多肉植物因为和杂货一同装饰，更加发挥出了个性。

好养易活、简单就能布置出陈设感也是其魅力所在。

下面，我们就来介绍一些杂货搭配多肉所带来的效果倍增的组合创意。

Display Technique & Idea

同适合的杂货与干花一起装饰

THE POINT IS DRY PLANTS
加上干花的枯萎氛围，
更显成熟气息！

活用多肉植物的姿态
Display Technique

多肉本身的形状特异，它们生长的过程也是妙趣无穷。
我们访问了人气园艺店"花之店 轮"的店长，
请他为我们提议了4种活用多肉植物特征的方法，并介绍了多肉X杂货混搭的诀窍。

让人觉得温暖舒适的多肉
因花插而多了些童心

3盆并列排放着的黄色花盆里种着带点红色的"昭和"*(Orostachys erubescens var.japonicus)*，成为这一角落的主角。色调各不相同的小叶系景天属的组合在一起，搭配甜舌草*(Lippia dulcis)*，充满了水润的感觉。植物背后陈设着生锈的车轮和木箱，高低不同的蘑菇形花插散落在周围，增添了轻快的气氛。

1. 主要的多肉 "昭和"
从母株的侧边繁殖出矮矮的子株，不断向四面扩散，仿佛地毯一般。本品是顶端带有红色的品种。

2. 主要的杂货 蘑菇花插
蘑菇样式的砂岩制小摆设。细节及尺寸每个个体都有所偏差，也是魅力之一。

> **Point** *Dry Plants* 干燥植物
>
> **在沉稳的基调上**
> **艳山姜的干花增添了微妙的亮彩**
> 映衬在绿色背景上的橘黄增添了华丽感。
> 干枯果实优雅的姿态更提升了整体的氛围。

自由奔放、直立向上的多肉
诙谐的姿态格外显眼

多肉植物从古旧的陶管和民族风的水壶里突然伸出头来，令人忍俊不禁。多肉们那憨态可掬的面孔得到了很好的凸显，让人想象它们还会随时从花盆里冒出来。这里使用的植物中汇集了各种黄绿色系的品种，而杂货则统一选择沉稳的茶色系。再添加上葫芦、南瓜、小玻璃瓶等带有曲线的物品，给人柔和温馨的印象。

1. **主要的多肉** "钱串" (Crassula marnieriana)
四角形的叶子重叠，好像念珠连在一起的姿态。从上方被绳子拉扯着一般茁壮成长的样子十分独特。

2. **主要的杂货** 库存处理的陶管
处理品的下水道用陶管。可作为花盆的替代品，小巧的尺寸方便实用，不论是哪种风格都能搭配。

Point

色彩鲜明的胡椒干果制成的花环

沉稳色调的小杂货和饱满、艳丽、浓烈的粉红色花环形成的对比十分美丽。

1. **主要的多肉** 鼠尾掌

弯弯曲曲下垂的枝条上长满了黄金色的刺，形成绳子一般的姿态。十分适合后现代或旧货风等酷酷的风格。

2. **主要的杂货** 古旧的油壶

印度尼西亚人用来装食用油的喷水壶。将花盆套于其中也可以，摆放着也好，悬挂起来也行。各种用法十分灵活。

Point

Dry Plants
干燥植物

多变的尺寸独具魅力
作为好配角的印加豆

存在感十足的样子独具特色。从半干时开始到完全干燥为止，可以长时间地用于装饰。

---

1. **主要的多肉** "养老"(Echeveria 'Torimensis')、"粉红石莲" (Echeveria 'Pinky') (砍头多肉)

因叶片饱满而特别鲜明的轮廓、莲座状的叶子姿态更是华丽，十分适合用作与杂货的混搭。

2. **主要的杂货** 簸箕

印度产的古旧农具。除了作为装饰杂货的底盘之外，还可用于装饰墙壁，用途多种多样。最适合自然状态的摆放。

悬挂起来
立体展示的下垂枝条
凸显了优美的线感

厚重感的金属链条、旧货风的古旧器具搭配了形态妖异、还未完全干燥的印加豆，再把种植鼠尾掌的花盆里悬挂其上，随时摇晃生姿。给人坚固印象的杂货和大型的干燥果实十分般配，布置出一个充满力度的角落。

> **Point**
>
> 鲜艳的幽紫色干燥果实与多肉
> 的色调绝妙地调和在一起。
> 多肉的下面铺满着紫色的加州胡椒果实。
> 整体看起来十分雅致，与有着微妙差距的多
> 肉色调相得益彰。

Goods & Dry Plants

如多肉的姿态雕刻般
十分鲜明、引人注目

　　以使用多年的旧簸箕作为主体，将砍头
时剪下的厚实多肉和艳丽夺目的幽紫色加州
胡椒果实创新性地组合在一起。相互冲突的
素材所造成的强烈印象，因为添加了空气凤
梨和漂流木，显得柔和不少。可以放置在玄
关等场所作为欢迎来宾的招牌式陈设。

Profile

"花之店 轮"店长　荒木敬司

花店"花之店 轮"的创办人。"花之
店 轮"销售多肉植物，以及其他适合
混搭的旧货风格草花和切花。除此之
外，还负责庭院规划及施工。
其风格充满异国风情，古旧的气息让
人感受到时光流逝，独特的世界观让
"花之店 轮"广受欢迎。

http://hana-rin.com/

巧妙地运用杂货

刷新多肉植物的魅力
25种陈设创意
Display Idea 25

花盆的使用、植物的布局……
以下将充满创意的巧妙组合分成五大类来逐类介绍。

种植在独特的花盆里
发挥出多肉的个性

把形态有趣的杂货当做花盆，更加凸显
出多肉的个性。移动方便，适用于各种
陈列摆设。

Idea 2
把陈旧的铁壶当做花盆
如同插画一般的组合盆栽

很有味道的铁壶，搭配适宜日式风情的"黑
法师"，做成视觉冲击力强烈的单株盆栽。

Idea 1
在古旧的烘焙工具中放入插穗
充满了生活气息

在古旧的松饼模型里放入青锁龙属及拟石莲
花属等的插穗，再搭配几个核桃的空壳。

Idea 3

白色背景和喷水壶起到了衬托黄色花朵的作用

白色喷水壶里种植着带有红色的景天属多肉，色彩鲜艳的黄色花朵给人清爽的印象。这种充满生命力的场景，非初夏季节莫属。

The scene of the Taniku

Idea 4

旧货风的铁罐给桌子增添了绿意

将旧货风的空罐子当做花盆，和景天属等多肉组合在一起，饱满厚实而有光泽的叶子为餐桌带来了生机。

Idea 5

将喷水壶花盆放置在高处凸显具有流动线条的姿态

喷水壶里种着斑纹的"绿之铃锦"。为了展示出它这一特征性的姿态，特意放置在架子的上层。

> **通过悬挂物
> 立体地装饰空间**
>
> 把小杂货挂在墙面上，或者从上面垂吊下来……有效利用死角空间，有着无穷无尽的创意。

Idea 6

把鸟笼当做花架的
悬挂起来装饰

将数种明亮色调的景天属多肉作为种植素材，从鸟笼里枝条软绵绵地伸出来，充盈满溢的株型让人乐在其中。

Idea 7

把色调优美的组合盆栽
摆放在视线的高处吸引目光

墙面的挂盆里，种入拟石莲花属的色彩淡雅的多肉，让素净的墙壁呈现出宁静幽谧的气氛。

Idea 8

娇嫩的组合栽植
为寂寞的外侧墙壁增添了色彩

挂壁的镀锡铁皮花盆里种植了茂密的青锁龙属、银波锦属等的多肉。鲜艳的颜色交相辉映，如同油画一般。

Idea 9

用典雅的悬挂物
大胆地装饰大型的多肉

吊盆里种植了姿态独特的大型长生草，
植株在椰棕里伸出的匍匐茎上生长，十
分可爱。

Idea 10

用铁丝篮筐悬吊的多肉
成为空间的亮点

用铁链吊起的铁篮里，放入种植青锁龙属多肉的花盆，
成为屋檐下的焦点所在。

The scene of the Taniku

具有故事性的
小小杂货提升了氛围

放上动物图案的摆设及园艺工具、留言板等，为多肉怡然自得的姿态添加了微妙的趣味。

Idea
12 种植多肉的篮子里
放入装饰的玻璃瓶及园艺工具

"子持年华"等小叶片的多肉、生锈的铲子、铁丝篮营造出雅致的意境。

Idea
13

Idea
11 把引人注目的
王冠型饰物
当做花盆套来使用

拟石莲花属和景天属之类横向蔓延的多肉小盆被罩在了王冠形的铁艺饰物里，成为充满个性的组合。

形状显眼的多肉
旁边放上一个小鸟摆件

形状像雕刻般的拟石莲花属多肉和小鸟摆件搭配在一起，点缀着朴素的木架，恰到好处地和周围的风景融为一体。

The scene of the Taneku

Idea 14

雅致的鸟笼里
放置着莲座状的多肉

花朵形状的拟石莲花属与景天属多
肉，放置在鸟笼的中央。通过叠加花
盆提升高度，调整与长型鸟笼的平衡。

Idea 15

如同饰物一般的姿态
赋予了陈列架独特的表情

木架上的装饰空间里，添加了种在
镀锡铁皮罐里的长生草属多肉。和
两侧的盆栽植物迥异，多肉植物奇
特的姿态创造出独具个性的场景。

集中到容器里

突出小型多肉的存在感

小小花盆里的多肉就算再可爱，也难以引人注目。把它们集中到各种颜色、形状、设计不同的容器里，就可以成为吸引视线的目标。

Idea 16

把迷你的花盆集中排列
给人简洁清爽的印象

把银波锦属及拟石莲花属等多肉种植在颜色不同的迷你花盆里，再集中排列到搪瓷盘中，演绎出适度的统一感。

Idea 17

把多肉们满满地
装入金属制的
长方形盒子里

盒子里放入莲花掌属及"黄花新月"等育苗阶段的多肉，插上标签，姿态的差异让观感妙不可言。

Idea 18

放置在富有趣味的长凳上
凸显出欣欣向荣的姿态

在带有把手的镀锡铁皮托盘里，摆
放入肉锥花属及厚叶草属等光洁可
爱又饱满厚实的多肉，让长凳的一
侧变得水润清新。

Idea 20

Idea 19

讨人喜欢的插穗密密麻麻地摆放在木制托盘里
组成单独的育苗区

把景天属及十二卷属等多肉作为插穗种入小花盆，再
摆放在托盘里。青翠的多肉营造出如同草坪一般的场景。

同一类型的花盆
集中摆放在篮子里

种在空罐头盒里的"黄花新月"
及伽蓝菜属等颜色及形态各异
的多肉，集中放置在篮子里，
制造出统一感。

061

Idea22

具有存在感的材质种入多肉
作为空间的点缀

在具有象征含义的天平形状的挂件上，用厚叶草"月美人"*(Pachyphytum oviferum 'Tsukibijin')*等小型多肉进行装饰。把屋檐下的空间变身为引人注目的一角。

Idea21

木箱随便地叠起
变成多肉专用的陈列架

把木箱错开一点点叠起的话，就能变身为简易的陈列架。以红色铁皮罐里的组合为中心，摆放上色彩鲜艳的多肉，显得热闹非凡。

Idea 23

带有木窗 & 木架的镜子
为墙面增添了华丽感

俏皮的陈列架上，种有"绿之铃锦"等多肉的花盆随意摆放着，小小角落却有大看头。

Idea 24

带有抽屉的质朴木架上
疯长的多肉增添了无穷生机

陈列架上摆放着乡村风的饰品，奔放地伸展出侧芽的"子持年华"为这一角落带来了动态的变化。

The scene of the Taniku

Idea 25

将古旧的学校椅子作为花架
变身为风格独具的一角

"黑法师"等多肉种在旧货风格的花盆里，集中摆放在一起。"JUNK"的铁皮字母起到画龙点睛的效果。

记录与多肉植物的生活日记

关注深深爱着多肉的人气博主

介绍以独具创造力的玩赏方法,关注与多肉植物一起的生活的人气博主。
不仅能够让我们对同样的烦恼及喜悦产生共鸣,还激发出模仿和创意的启示。

#1 "搪瓷勺子"

Profile

资料
博主:lilima
居住地:广岛县
自我介绍:一个5岁大的女儿的妈妈。兴趣是种植多肉植物及蔷薇等花朵。

精美的多肉植物搜集
用独特的摆设方法和美丽的照片记录下来

Lilima 无意中在博客里开始记录多肉的成长。在这当中,最喜欢的是有着如同雕刻般形态的多肉,更是一位生石花属收集狂。Lilima 的肉肉们种植在手工制作的木箱里十分好看,即可作为装饰,也利于管理。此外她的摄影技术也备受关注,让人想象不到才写了3年博客。

通过大场景的拍摄,Lilima 那些漂亮的照片介绍了多肉艺术般的造型及玩赏方法。

姿态奇妙的生石花属搜集品。

最喜欢的露娜莲!

"多肉植物和手工生活"　#2

第一次种植多肉的人也能轻松模仿，在麻布口袋里首创放入"利乐包"产品【*利乐公司开发生的复合类纸饮料包装】

Profile

资料
博主:Nana
居住地：神奈川县
自我介绍：从前在花店打过工，因为这一契机，开始沉浸在和多肉植物们一起的生活之中。

展示充满诙谐感的趣味摆设

千里光属"绿之铃"的项链。

和多肉一起用于装饰的滨砖设计全都是原创。

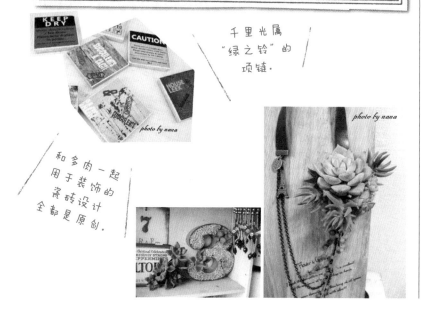

在杂志上看到描绘多肉植物的手绘，就此着了迷。主要原因大概是，多肉不需要太多的土壤，能实现其他的植物所不能的组合种植。

在博客里，Nana定期地上传各种多肉的手艺作品。她的博客充满了可供参考的好创意，每当发出打动人心的作品，想要知道做法的询问都会纷纷而至。

"开心乐事满满当当"

擀长的铁丝工艺品和
品位十足的造型备受好评

Profile

资料
博主:Pika
居住地:埼玉县
自我介绍:这是记录了5年
来阳台的变化,以及让我感
觉到"愉快"事情的日记。

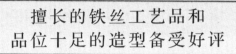

在自己制作的铁线作品
"Treasure Box(百宝箱)"里
种满了如同宝石一般的
鲜艳多彩的多肉组合。

在博客里展示铁丝工艺品的Pika,现在已经开始授课了。伴随着每一天的成长记录,她介绍的阳台上的铁丝工艺组合佳作连连,各种主题性的造型让人眼花缭乱。通过电影的场景以及与园艺无关的领域得到启发,而衍生出各种作品,更加吸引人的是,博主详细周到地解说让人看得欲罢不能。

跳跃感十足的
蜘蛛!
是煞费苦心
的大作。

"多肉和花园"

#4

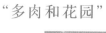

得到了众多好评的
仙人掌庭园式盆景

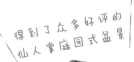

Profile

资料
博主:Pukupuku
居住地:大阪府
自我介绍:介绍多肉植物
组成旧货风的组合,以及手
工制作的园艺用品等。

大量使用迷你仙人掌
具有戏剧性的组合盆栽备受关注

把水壶
用作花盆

杂货店的门面里
也有Pukupuka制作的
组合栽植哦!!

Pukupuku主要种植仙人掌等饱满厚实的植物。当初因为兴趣而开始栽植组合,现在开始在当地的集市里进行销售。

把搪瓷杯子等用作趣味花盆的想法,因为容易、方便而备受好评。即便是初学者,也不会有畏惧心理,可以轻松开始尝试。打开Pukupuku的博客,这类可爱的组合琳琅满目,令人目不暇接。

适用于室内的

养育方法
装饰方法

本篇我们介绍在室内也能培育出健壮的多肉植物的重点，以及家居饰品店所提议的用多肉进行装饰的混搭方案。

多肉植物的室内
养育方式篇

室内养
多肉植物的
三大原则

　　只要记住简单的养护要诀，即便是在室内，多肉也能健康地成长。主要原则只有3条。抓住这3条要领，就能在自己的身边培养出茁壮的多肉。

Rule 1.

放置在一天4小时以上
太阳光照射处就OK

　　有些室内看起来很明亮，但光照并不充足。多肉植物必须放置在一天有4小时以上阳光照射的场所。植株开始变得细长，就是日照不足的信号，需要补充光线。但是这时如果把平时没有足够光照的多肉突然放到直射阳光下，会产生"灼伤"的恶果，要慢慢让植物适应太阳。

Rule 2.

3天时间放置在室内
4天时间放到屋外

　　室内明亮的窗户边是理想的放置场所，但是因为多肉厌恶闷闭的环境，适度的通风是必需的。每周如果3天时间放置在室内的话，剩余的4天时间就应该放置到屋外。以这样的循环轮换保持植物透气，也让它们晒到足够的阳光。推荐使用数个花盆交替地轮换来装饰室内。

Rule 3.

浇水一个月一次
浇到不会从盆底溢出的地步

　　在室内养育的情况下，浇水要观察土壤的干燥状况，以一个月一次的频率进行。只不过每次给予的水量要有所控制，大体是从盆底的透水孔溢出之前的分量，习惯后，就可以凭感觉来控制。此外，生长旺季的春季和秋季的浇水可多些，休眠期的夏季和冬季则要严格控制浇水。

相较而言适合室内栽培的多肉植物

对光照不足适应性强的品种更容易在室内养育

　　初学者和室内环境不好的人，应当从好养的品种开始尝试。适合室内的多肉是那些能在弱光环境下生长的类型。例如十二卷属的叶尖呈晶体状的品种，即便是在室内的窗户边也能很好地生长。另外，大戟属、仙人掌属、龙舌兰属等也是比较能够在弱光环境下生长的类型。

从上往下、玉露（*Haworthia obtusa var.pilifera*）、虹彩阁（*Euphorbia enopla Boiss*）、甲蟹（*Agave isthmnsi*）

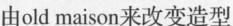

多肉植物与杂货的装饰方法篇

分场景

由old maison来改变造型
多肉植物 × 杂货混搭

进入家居饰品店"old maison"，可以看到经历了岁月的古董家具、华丽的金属、玻璃材质的小物件……搭配木质杂货来陈列摆设。下面，店主为我们提供了四种不同场景下与杂货进行混搭，作为家居饰品的多肉植物展示方式。

Dining 餐厅

绿色的多肉与
银制的杂货
让桌子显得生机盎然

古典的托盘上，摆放着"胧月"等富有个性的风车草属多肉植物。曲线柔和的银制杂货，凸显了多肉枝叶的水嫩和形态鲜明的株型。

Dresser 化妆台

玻璃的透明感
让多肉看起来更美好
让人心跳加速的空间

"绿之铃"枝条垂下的样子十分美丽，如同宝石串联在一起的姿态仿佛项链一般。添加了小小的玻璃的小物件后，更加衬托出植物的水润感，打造出一处极有女人味的场景。

Bookshelf 书架

把3棵仙人掌放在木盒子里
作为雅致的书架的点缀

为了融入书籍和相框这类精致的背景，小小的仙人掌被摆放在自然风的长方木盒里。颜色和形态各异的仙人掌，为书架带来了色彩和动感。

old maison
老房子

具有亚洲和欧洲文化融合的独特氛围，销售复古风家具以及原创的仿古风杂货。店铺的整体规划制作也是店主亲自动手完成。

Living 客厅　搭配独特的杂货
展示多种多样的多肉

质朴的家具，搭配印着动物图案的靠垫等富有个性的杂货，搭配了高度不一的仙人掌、枝条下垂的多肉"爱之蔓"和莲座型的多肉组合。用姿态各异的植物品种来装饰，客厅变身为充满乐趣的空间。

充分发挥多肉植物的个性

按材质分类的杂货目录

多肉植物品种丰富、大小及形态各种各样。要和肉肉们完美搭配，需要根据装饰方法及多肉的个性进行选择，本篇收集了各种材质、形状、尺寸的饰物，并分别介绍它们的使用特色。

*在玻璃制品及花盆等没有透水孔的容器里种植物时，建议使用防止根部腐烂的药剂。

金属 Metal

铁制及镀锡铁皮等，怀旧风味浓厚的杂货。生锈的质感，衬托出了植物的娇嫩。

字母的素材

施加喷锌涂装用于防腐，粗糙的银色字母模型。和仙人掌及富有个性的多肉植物一起装饰，可以营造出欢快的氛围。（长x宽x高=11cm×7cm×2cm）

迷你双耳壶三件套

褐色的锈迹很有味道，手掌大小的装饰品。一个一个地并排摆在多肉旁边进行展示，显得清新可爱。（长x宽x高=3cm×4cm×4.5cm）

枫叶造型的铃铛

把手是枫叶的造型，纤小可爱的餐桌铃。沉郁反光的色彩，酝酿出沉着稳重的印象。（直径x高度=4.5cm×4.5cm）

黄铜

青铜

古旧钉子

铁路的轨枕中使用的钉子。表情各异的数字歪歪扭扭，让人感觉到古旧感。可以如同花插一般插在花盆里。（直径x长度=1.6cm×5.4cm）

中号

小号

铁艺烛台

浑圆的把手独特有型。当做直径5cm左右的茶壶托显得别具一格。 小号（直径x高度=7.5cm×5.5cm），中号（直径x高度=10cm×7cm）

簸箕

剥落的绿色油漆和浮雕花纹使这只簸箕风味十足，可以作为摆放花盆的托盘。（长x宽x高=2.5cmx20.9cmx17.9cm）

A　　　　　B

复古风的罐子

生锈的外表与商标给人以旧货印象的铁皮盒子，在里面种上多肉植物后，立刻变身为时尚的物品。A（长x宽x高=10cmx15.5cmx9.2cm）、B（长x宽x高=4.6cmx6.7cmx7.7cm）

铁制的迷你缝纫机摆件

两边都能收纳些小物件，制作精巧的摆件。复古的设计，与秋日变成红的多肉十分搭配。（长x宽x高=8cmx14cmx7cm）

长柄勺型容器

仿照长柄勺制成的能够悬挂的园艺用品。种入水灵灵的绿色多肉和古旧的质感形成对比。（直径x高度=10cmx30cm）

复古风的庭院边桌

小小的淡蓝色边桌残留有白色油漆的痕迹。用铁线制成的纤细桌脚十分优美，可当做大型多肉的花架。（长x宽x高=30cmx33.3x36.6cm）

铁线的鸟笼

充满艺术感的鸟笼用铁线再现了马戏团的戏棚。在里面放入观赏性的多肉后，成为引人注目的焦点。（长x宽x高=24cmx24cmx36cm）

玻璃
Glass

具有美妙透明感的玻璃小物件。闪闪发亮的光辉，给予了植物生机勃勃的表情。

放大镜

具有装饰性黄铜把手的放大镜。用于细致观察多肉十分方便，单纯摆放也十分好看。（长x宽x高=17.2cmx7.6cmx4.3cm）

小小的玻璃托盘

合金制成的脚墩，古旧调调，十分时髦。玻璃托盘可以单独取出。可以将用于叶插的叶片放置于其中进行培育。（长x宽x高=7.5cmx11.5cmx9.3cm）

展示台

边缘如同水滴般的玻璃球是优雅的设计。台面部分平坦光滑，可以摆上几盆小小的盆栽进行展示。（直径x高度=21cmx12cm）

玻璃喷雾器

喷嘴部分是黄铜制成的，香水瓶形状的喷雾器。不仅可以和多肉放在一起装饰，而且具备喷雾喷水的实用性。（直径x高度=9.5cmx16.5cm）

彩色玻璃的椅子

彩色玻璃镶嵌在椅背上。可在椅面上放置花盆，利用高低落差的摆设显示出动态美。（长x宽x高=14cmx30cmx25cm）

小型油灯

具有美观的深蓝色油槽，高雅华贵的黄铜灯头引人注目。衬托得周围多肉植物分外典雅。（直径x高度=7cm×14cm）

挂篮

从网眼可以看到玻璃的设计。玻璃杯可以取出来。植物可以直接种在杯子里悬挂起来，也可以放入小小的花盆。（直 径x高 度x长 度=9cm×8.5cm×27.5cm）

摩洛哥玻璃杯

纤细的黄金色的外形，民族风格的摩洛哥玻璃杯。栽种着小小的莲座型多肉，真是惹人怜爱的植物。（直径x高度=7cm×15cm）

圆形盒子

盒子的切面折射出细致的光感淡淡的杏粉色，充满了，女人味的置物盒。在里面种入多肉，柔美动人。（直径x高度=8.8cm×4.8cm）

窗帘流苏

玻璃的部分制成钻石的形状，如同装饰品一般的流苏。和雅致的多肉摆放在一起，具有成熟气息。（玻璃直径x高度=4cm×3cm、绳子长度60cm）

迷你挂钟

圆滚滚的球形迷你挂钟。放置在多肉及仙人掌的植株旁边，罗马文字表盘可以让人感觉到时间的流逝。（长x宽x高=5cm×5cm×7cm）

木质
Wood

散发着柔和与温暖气息的木头。因为是天然素材，透露出的自然气息与多肉的搭配十分绝妙。

房型木头盒子

做旧效果涂装的纯手工盒子。内部放置着栽培容器，可以种植入植物。（长x宽x高=19cmx19cmx20cm）

相框

花卉图案、镶嵌工艺十分精巧的相框。横向纵向都可摆放，适合摆放在窗边和书架上搭配小小的多肉盆栽。（长x宽x高=1cmx14.7cmx19cm）

古旧风木箱

装饰了蓝色的线条，做旧氛围的木箱。容纳得下三个小花盆的大小，背面可当做黑板。（长x宽x高=25cmx15cmx29cm）

复古风的洗衣板

标语和红色花纹是重点，旅行用的携带洗衣板。可以靠在墙壁上，适合和大株的仙人掌及旧货风的组合盆栽摆放在一起。（长x宽x高=21.8cmx3.6cmx46cm）

叉子与铲子的装饰品

以木头制成的红色把柄十分美观。适合和多肉摆放在一起。还可悬挂在墙壁上。（长x宽x高=4cmx0.7cmx26.5cm）

抽屉式木架

柔和的象牙色抽屉。也可以拉开抽屉，在里面放入小花盆。（长x宽x高=32.5cmx13.5cmx23.5cm、抽屉内部尺寸长x宽x高=8cmx10cmx8.5cm）

复古风的十字架

50年代左右，在美国使用的十字架首饰。可摆放，也可悬挂在墙壁上让其垂下，营造出肃穆的场景。（长x宽x高=5.9cmx1.4cmx9.5cm、绳子长47.5cm）

大号

小号

木头箱子两件套

未涂装、带有自然木纹的木箱。附有把手，在里面放入花盆，便于搬动。小号（长x宽x高=26.5cmx9.5cmx20cm）、大号（长x宽x高=30cmx14cmx25cm）

书本图案的双层木盒

表层贴着一层布，如同2本书并排一般的木质盒子。可以直立在书架里当做装饰，也可在里面放入花盆。（长x宽x高=9cmx13cmx7.3cm）

蓝灰色的木框

以做旧的窗缘为灵感的木框。悬挂在墙壁上就能简简单单营造出各种场景。适合让枝条垂下类型的植物缠绕在其上。（长x宽x高=30cmx2cmx45.5cm）

野 生 的 面 貌 独 具 魅 力

挑战放养！

在庭院里茁壮成长

把多肉植物种在花盆中是广为接受的欣赏方法，但有些品种，直接种植在庭院里同样不错。

与盆栽相比，放养于花园时的生长方式和植株尺寸都会更加粗犷！

以下就来介绍把多肉植物引进庭院，活用于地被及花坛点缀的方法。

为庭院小路的接缝及花坛的边界添加了绿意与色彩

在铺于脚下的砖块及垫木之间，零星种下小叶的多肉，庭院小路的氛围立刻提升。

【适合的品种】
斑入圆叶万年草(*Sedum makinoi f.variegata*)、松叶佛甲草(*Sedum mexicanum*)、真珠星万年草(*Sedum paridam*)等。

熟手

青翠又立体的姿态
与堆石庭园十分搭配

在粗犷的垒石之间，添加外形鲜明的多肉，如同植物自然地将根部附着在岩石山坡上的一景。

【适合品种】
"红薰花"(*Sempervivum tectorum 'kokunka'*)、爪莲华、岩莲华。

熟手

熟手

若是带有视觉冲击的品种
会成为花坛的亮彩

拟石莲花属等植物叶子的质感以及莲座状的姿态独具特色，选择华丽夸张的株型是种植的重点。

【适合品种】
"七福神"(*Echeveria secunda*)、"胧月"(*Graptopetalum paraguayense*)、"吉祥天"(*Agave potatorum*)。

大型的植物的旁边
半遮半露出丰富的表情

若是植株较高，又有独特姿态的品种的话，可以置身于树木及大型的植物根部，让花坛呈现出引人入胜的效果。

【适合品种】
景天"美空"(*Sedum antandroi*)。

不会失败的种植笔记 *Memo*

最佳位置是
光照良好的屋檐下

多肉植物喜欢光照，忌闷热和霜冻。尽量种植在日照良好的场所，也要防止闷热。严冬里要种植在屋檐下避开霜冻，没有屋檐的情况下采用覆盖防寒。

制造排水良好的环境
让其健康地成长

庭院排水不好的情况下，可以改造成上升式花坛（垂直竖起的花坛），再添加土壤改良剂，排水状况会变好，成为理想的栽种环境。

*详细的养育方法请参照82-88页

放养与盆栽的竞赛演出
化身为百看不厌的角落

上野家引人注目的前庭院位于住宅街一角。外墙之间的小小空间里，古旧的围栏及漂流木上爬满了爬山虎，悠闲的乡村气息让人完全想不到这是一座才建造了1年的庭院。在这当中，最引人注目的就是玄关旁地植的多肉植物区域。

特别定制的邮筒和门牌让人感觉到时间的流逝，而在四周如雕塑般的龙舌兰属及仙人掌属多肉植物旺盛地生长。代替花盆的陶管长短不一，立体地竖起，打造了具有象征性的一角。"多肉植物的样子诙谐有趣，是我大爱的植物类型。"主人这样说着，对完成后的庭院充满了成就感。

A

A
真珠星万年草
(Sedum paridam)

种植在砖块的间隔间
柔和的绿色时时在脚下出现

庭院里铺上红砖及石块等各种颜色形状的石材，在接缝的间隔之间让多肉植物随意蔓延。

B
七福神
乙女心

搭配独特的小物件
给通往玄关的台阶增光添彩

通往玄关的台阶旁种满了多肉，其中还藏着几只形态逼真的蘑菇花插。

C
弦月
圆扇八金

从组合栽植上垂下的枝条
与地植绝妙地融合在一起

在高低错落的花坛里种入下垂及匍匐性的品种，布置上充分考虑了与地面植栽的搭配。

最近园艺师们不约而同的模仿电影《查理和巧克力工厂》中的庭院来策划设计。

D

真珠星万年草
(Sedum paridam)"七福神"

**为了映衬色调明亮的砖块
选择带有蓝色色调的品种**

砖块的四周被蓝绿色的多肉植物包围。选择形态对比鲜明的多肉植物，让情境更加丰富。

E

"虹之玉""东云系"
(Echeveria agavoides)

**代替花盆的陶管
增加高度及立体感**

从眼前开始慢慢增加陶管的高度，然后种入不同的多肉，造就出轻快的节奏感。

培育健康美观的多肉植物必须了解的知识

常常被认为就算放着不管也没事的多肉植物，意外地也有很多脆弱的部分。抓住重点，一起培育出姿态美妙的肉肉吧。

STEP1

了解多肉植物的特性

虽说统称为"多肉植物"，但它们的特性其实各有不同，可以大致划分为几个类型。
理解了这当中的不同之处，就能轻易地抓住修整的要领了。

1 了解原生地

在严酷的环境下诞生的植物

多肉植物的原生地是沙漠、海岸及高山地区等干燥地域。昼夜温差变化激烈，降雨量又极少，环境十分严酷。为了适应那样的气候，植物们在叶子、茎和根的内部的柔软组织中储存水分，这才演变成了今天多肉植物叶片饱满厚实的独特姿态。多肉植物最主要的原生地是非洲、中南美和马达加斯加岛等。

2 喜欢的环境
（放置的场所）

在接近于原生地的环境下培育

植物在接近于原生地的环境中进行管理是最佳的。在干燥地域自然生长的多肉，耐受不了高温潮湿的夏季，因此要在通风及光照良好，不会被雨水淋到的屋檐下进行管理。放置在东侧或南侧会更好，但在北面进行种植也是可能的。只不过这样的话，寒冬时期叶片的颜色可能会不太好。在室内栽培时，要放置在经常晒得到太阳的窗户边。虽然大多数的种类抗寒性都不错，还是选择不会冻伤的地方为宜。夜间要用几张无纺布重叠盖在多肉植物的上方，降温到零度以下时，就需要拿到屋内。在寒冷地带，则应当一直在室内进行管理。

在雨水淋不到的地方培育　　冬季的夜间要无纺布覆盖保温

3 了解生长类型

休眠期让肉肉们静静地休养

多肉植物基本上春季和秋季是生育期，夏季和冬季是休眠期。但是根据品种，生育周期各有不同。这是因为各个品种的原生地气候及环境的不同所造成的。"生育期与休眠期"也会影响到浇水等管理的时机，各个品种只要把握住这一转换的时期就可以。

生育期就是与原生地气候相似的时期，休眠期则是与原生地气候不同的时期。休眠期的植株生长停滞，因此水分并非必需，甚至不需要浇水。可以在这个时期进行移栽及分株等作业。

春－秋生长型

从春季到秋季是生育期，冬季则是休眠期的多肉植物。夏季的生长会比较缓慢。大部分的景天科都是这一类。这类植物原生在墨西哥的山岳地带，春季和秋季降雨，夏季和冬季十分干燥。

属于春－秋生长型的主要多肉植物

景天属、青锁龙属(不会有红叶现象)、厚叶草属、银波锦属、瓦松属、风车草属、风车石莲属、景天石莲属、长生草属、拟石莲花属、大戟属、菊科等。

春季会长出细长的花茎，开出花朵的拟石莲花属。

春季绽放出无数小花的松叶佛甲草(Sedum mexicanum)。

夏生长型

从春季到秋季都是生育期，冬季则是休眠期的多肉植物。夏季开花，状态良好，多数植物在冬季会有红叶。这类植物原生于非洲，那里气候干燥，一年，甚至一天当中的温差变化十分剧烈。

属于夏生长型的主要多肉植物

产生红叶现象的青锁龙属的一部分、伽蓝菜属、八宝属、百合科、沙葫芦属、吊灯花属、龙舌兰属等等。秋季会展现出很美丽的红叶。

红莲(Crassula americana cv. Flame)

到了秋季会绽放花朵的火祭(Crassula erosula 'Campfire')。

秋－春生长型

秋到春季都是生长期，夏季则是休眠期的多肉植物。在原生的南非高地，一整年气候都很凉爽干燥。

秋－春生长型的主要多肉植物

莲花掌属、番杏属、肉锥花属等等。

酷暑时期正在休眠的生石花属，表皮如同是干瘪了一般。

休眠中的肉锥花属。干燥的表皮之下是娇嫩的青色(圆圈内)。

STEP2

开始多肉植物的养护

不论是哪种生长类型，春季和秋季都是养护的最佳时节。因为这一时期的温度是人体感最舒适的时候，同样也是多肉植物旺盛的生长期。养护操作从春分或秋分刚过的时期开始为宜。

1 有效地判断

浇水

多肉植物用叶片储存水分，因此没有必要和草花一般频繁地浇水。在土壤中插入手指，感觉干了的话，就浇透。不论是哪种生育型，春季和秋季多浇点水都没问题，但从高温潮湿的梅雨季节到9月中旬，还有生育迟缓的冬季，必须极力地控制浇水。就算断水一个月，多肉植物枯死的情况也很少见，完全不用担心。特别是寒冬时期，土壤潮湿容易使其发霉并病菌滋生，要多加注意。

POINT

浇水的基准

【春、秋】土壤的表面干了的话，就浇透。一星期到十天左右浇水一次。

【夏】尽可能控制。一个月浇水一次。时机选在比较凉爽的傍晚少量浇水，水量大概在隔天的早上土壤就能干的程度，不要过分湿润。

【冬】尽可能控制。一到两个月浇水一次。选在天气较温暖的日子，在早晨少量浇水，不要让土壤在长时间内（一周以上）都是湿漉漉的。

【放置场所在室内】一个月左右浇水一次。少量浇水，控制在从表面往下一半的土壤湿透的程度。

多肉植物专家 | CACTO LOCO 亲自教导

【*CACTO LOCO 为日本著名的多肉苗圃】

除了过轻的土壤和排水性极差的土壤之外，几乎所有的土壤多肉植物都能使用。例如，观叶植物及蔬菜的土壤也没问题。只要拥有某种程度的"重量"就可以。推荐的配土是通常的园艺用培养土中混入一半以上的小粒赤玉土。培养土就算不是新土，例如培育过三色堇等草花之后的土壤也可以。各种土质干燥的方法不同，因此浇水要一边查看情况一边进行。

2 刚刚好的"重量"是生长的秘诀

选择土壤

多肉植物在水分及营养成分很少的情况下也能自然生长。喜好排水良好的土壤，但是，如果使用没有黏结力而轻飘飘的土壤，植物无法好好地扎根，在酷暑及严寒会受伤，因此必须多加注意。此外，多肉在生长繁茂的春季和秋季对水的需求量大，良好的保水能力也是必需的。所以，使用具有一定程度的保水能力和重量的土壤是成功的关键。

3 种植

POINT

差不多该移栽的时候

根塞满了容器及花盆的内部，根从排水孔伸出。

明明没有曝晒，外侧的叶子却枯萎掉好几片。

下方的叶子掉落，从茎干上长出了许多气根。

核 对 根 系 过 密 的 信 号

出现了上述的症状，就有可能是发生了根系过密的情况。在情况严重之前，应该尽早移栽到大一圈的花盆里。一到二年内进行一次换盆移栽就足够。小花盆里的植物，则每年换盆为好。

移栽是将根部剪到只剩1厘米左右，晾干2～3天，种到新土里。之后可以立刻浇水，等待1个月左右让其发新根。到发新根之前，土壤的表面会较干，应浇水到水不会从排水孔流出的程度。春季或秋季是理想的移栽时期。植株若已成形，如果暂时不能移栽，对光照、水分、养分等各生长条件进行有效调节的话，可以再撑1年左右。

虽然不能长成具有平衡感的姿态，但部分木质化的细长姿态也赏心悦目。如果错过这个时期，需要等到下一季再移栽。

剪到根部只剩下1厘米左右。这样能促进发新根。

4 施肥

基 本 上 不 需 要 施 肥

多肉植物基本上不需要施肥。每年进行一两次移栽时所使用的新土中包含的营养已经足够。如果肥料不足的，多肉的株形紧缩，可以形成更好的颜色，反而独具美感。严冬的红叶也是一样，因为生长缓慢而产生了别有风味的色彩。

组合栽植时因为种植了大量的植株，其中有部分植物特别容易消耗养分，可以少量施加固体肥料。基准是，最小号的花盆里施加1/2到1粒颗粒肥。

剪掉组合盆栽中间纤细的茎，在7号花盆里（直径约为21厘米）施加6粒左右的颗粒肥料。

| 多 肉 植 物 专 家 | CACTO LOCO 亲 自 教 导 |

多 | 肉 | 植 | 物 | 杂 | 学

家庭栽种多肉植物时，给予草花及蔬菜的肥料也完全没问题。

5 调整养育 环境 进行预防

病虫害

大多数多肉植物基本上都很强健，但如果不具备适宜的环境，也容易遭受病虫害的侵扰。如果真菌等入侵，植物会枯死，因此日常的管理非常重要。确保日照和通风，还要注意浇水。如果难以拥有充足条件，可以使用排水良好的优质土壤，创造一个不易闷闭的环境。

POINT

通常多肉植物是先伸出茎干，再向左右两侧扩散枝条，如果从底部就如扇状绽开，同时分叉的现象被称为"缀化"。这是因为生长点的异常所导致的，这一奇特的形态备受珍重。并不是病毒及细菌，也不是被其他植物感染。

这种形态是怎么形成的

 正常的植株

 缀化了的植株

害虫

害虫容易在春-秋季发生，通风不佳是主要原因。发现了的话，把植株移动到通风良好的场所，使用颗粒剂类型的杀虫剂就可以驱除的。

介壳虫类

环境变差的话，容易附着在生长点及叶片的底部等。因这种害虫会吸收汁液，所以叶片会变小。

绵虫

如同棉花一般的白色虫子，是蚜虫的同类。主要附着在"爱之蔓"（*Ceropegia woodii*）的上面，吸取茎汁。

介壳虫类

绵虫

疾病

根腐病

土壤持续一周以上潮湿的状态，或是花盆的水分难以蒸发的冬季容易发生。处理方法是，控制浇水，此外，进行通风良好的日光浴等等，尽早让土壤恢复干燥状态。

黑斑病

从梅雨季节到酷暑时期容易发生。原因有阴雨及闷热、光照不足等各种。因黑斑病而枯死的可能性虽小，但是一旦发病就没法治愈，预防很重要。

根腐病

黑斑病

繁殖植株更新换代

不论是怎样漂亮的株形，只要植物生长，形态都会变形。
这时可以使用散乱部分的叶片及枝条进行繁殖，更换成新的植株。

更换成新株，同时繁殖

切掉过长的枝条顶端以及不要的叶片，以"穗插"、"叶插"的方式，繁殖出新植株。原本的植株已经老化，应该及时更新成新的植株。折下或掉落的枝叶也可当做繁殖材料使用。植株横向扩散的类型，可以借由"分株"这一作业进行繁殖。在春季或秋季进行让人更安心。繁殖也是种植的乐趣之一。

经过了一年，变形了的组合栽植。

通过插穗繁殖

剪掉因为过长而东倒西歪的茎干，插入土壤中。插入土中的茎干的部分要先摘掉几片底部的叶片以留出1厘米左右的长度，晾干2～3天再插入。不论是用作插穗的枝干，还是留下的枝干，都要保留健康的叶片。

适用于景天属等呈直立状的品种。

通过叶插进行繁殖

可以大量的繁殖。如同是把叶片从茎干上横向掰下一般，从根部小心地取下，放置在通风良好的场所一个月左右就可发根。根长出了的话，只需把根部轻轻地种入土中。

适用于拟石莲花属等茎干不会伸长的品种。

通过分株进行繁殖

根部横向蔓延来扩充植株的类型，小心地分开根团，分成几株后种植到新土中。有些子株从母株的旁边侧生而出的类型，需要小心地和亲株分开，根部晾干2～3天再种植到新土中。

掰开根部

和母株分开

左/适用于根部横向蔓延类型的景天属。
右/十二卷属及龙舌兰属等侧生子株的类型。

受欢迎的多肉植物常发生的
烦恼 Q&A

就算精心养护你的多肉植物，还是会有状态变差的情况出现。在此针对经常被提问的两个症状，由多肉植物专家来给出答案。

Q 春季购买的黑法师到了夏季，下方的叶片就掉落了。这是为什么？

夏季的黑法师莲座变得很小。但到了秋季，又会长出叶子。

A 这是生理现象。生长期（从早春到5月下旬、从秋季到12月左右）的黑法师，整体都很鲜润的状态，到了酷暑，植株会休眠。从进入梅雨季节开始，作为自卫本能，尽可能地减少叶片，为了保存体力，让下方的叶片枯掉，把莲座缩小。在这一时期浇水的话，有可能引发枯萎，需要多加注意。放置在避免阳光直射，通风良好的场所，直到梅雨季节过去，土壤干燥后，再充分浇透。从梅雨结束到秋分为止，基本不用浇水。浇水的时间，应选在较为凉爽的傍晚时分，少量给水。

A 因拟石莲花属耐不住闷热，从高温潮湿的梅雨季节开始到酷暑为止，很容易发生此类症状。把叶片变成黑色的植株，从土壤中挖出，确定茎和根部的状态。根部并没发黑的情况，把根部剪短，重新种植。根部已经发黑，则代表植株已经腐烂，整株都有可能会枯死。把没有变黑的根系部分全部切除，以同样的工序重新种植。重新种植之后，控制浇水，移动到通风良好的场所等，防止复发。

Q 酷暑（6~9月份）、拟石莲花属的地面以上部分的叶片都变成了黑色。这是什么状态？

变成褐色的叶片应该尽早摘掉，并确保通风良好。

多肉植物的装饰课程
Handmade Lesson

多肉植物搭配上适合它的颜色、形态的家居物件，如同得到一个展示自我的舞台。和多肉一起的生活也会变得更有乐趣。在此，我们来介绍这本书中登场的可以壁挂的2件作品的制作方法。这两件作品都能有效利用墙面，因此很适合狭小的空间。

35页的阿雅作品

壁挂迷你花架

带有隔板的迷你花架，是园艺师阿雅的作品。在长方形的花架上，欣赏多肉植物的组合栽植。

小F所教授的壁挂架子的制作方法。3层的木架上，迷你盆栽可以成排地摆放。用木板遮挡住前下方，花盆就算杂乱也OK！

壁挂架子

15页的小F作品

制作方法在此
Check!

Wall shelf

能够把小盆栽装饰得美妙迷人

壁挂架子

简单的箱形木架。2块隔板，底板以及装饰板，在设计上很有装饰性。

材 料

顶板 (宽9cm×高1.3cm×长58cm) ……1块
底板 (宽9cm×高1.3cm×长58cm) ……1块
侧板 (宽9cm×高1.3cm×长54cm) ……2块
隔板 (宽9cm×高1.3cm×长58cm) ……2块
装饰板 (宽6cm×高1.3cm×长60cm)
……3块
铁丝网 (宽60.6cm×长54cm) ……1张
木螺丝 (长2.5cm) ……22根
U字钉 (长1cm) ……16根
水性涂料 (灰色、白色、
绿色) ……各适量
木工黏合剂……适量

工 具

水性涂料刷子
电动钻孔起子
锤子/锯子
海绵 (破布也可以)
砂纸

木 料 图 纸

*本木料图纸使用了2块
 宽9cm×长182cm的木板，
 1块 宽6cm×长182cm的
 木板。
*裁切可委托给建材超市，
 或是用锯子锯取。

这样的多肉就是
GOOD!

小株及插穗等小型多肉

小F在花架上并排着的是直径7.2cm的花盆。单独看来并不显眼的小植株及插穗的盆栽并排在一起，可爱度立刻得到提升。

Paint Memo

这个花架所使用的涂料有3种颜色。组装好之前涂上灰色，组装好之后用白色和绿色抹擦，制造出旧货的样子。

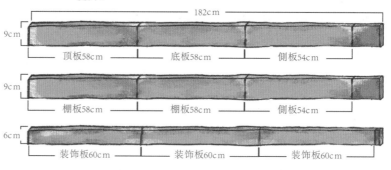

182cm

9cm

顶板58cm　　底板58cm　　侧板54cm

9cm

棚板58cm　　棚板58cm　　侧板54cm

6cm

装饰板60cm　　装饰板60cm　　装饰板60cm

展 开 图 纸

(完成后的尺寸 : cm)

▼	从侧面钉下木螺丝
▼	从横向钉下木螺丝。也在侧板 (左) 的对应位置钉上。
⊓	U字钉。侧板 (左) 和底板也同样钉上。

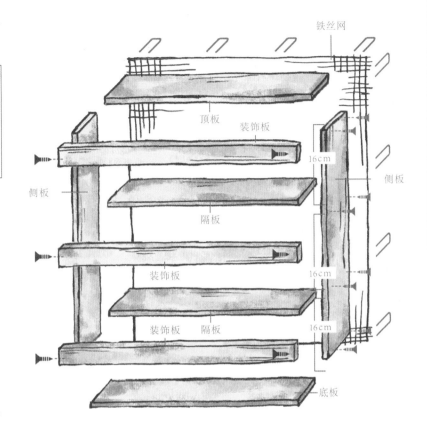

铁丝网

顶板　装饰板

16cm

侧板

侧板

隔板

装饰板

16cm

装饰板　隔板

16cm

底板

制 作 方 法

1. 所有的木材都涂上底漆

使用刷子在木材的表面涂上水性涂料 (灰色),然后晾干。

2. 组装顶板,底板与侧板

参考展开图纸,用木工黏合剂把顶板与底板粘到2块侧板上,再使用电动钻孔起子,把4根木螺丝从左右两侧的侧板钉入。

3. 安装隔板

把2块隔板按照展开图纸黏着到指定的位置,再把4根钉子从侧板钉入用以固定。

4. 组装装饰板

在2块隔板和底板的前面装上装饰板。把侧板和装饰板粘在一起,把2根钉子分别从装饰板钉入用以固定。

5. 在背面覆上铁丝网

在背面贴上铁丝网,用锤子分别在四边的四个位置钉入共计16根的U字钉用以固定。不使用U字钉,使用木工用的铆钉机也可以。

6. 做旧处理

用海绵把水性涂料(白色、绿色)分别涂上,随机地把整体都抹花,营造出气氛。放干之后,用砂纸轻轻摩擦就完成了。采用适合墙体材料的方法进行组装。

Wall mini planter

享受"装饰"与"种植"

壁挂迷你花架

9厘米宽的木板组装成的迷你花架。花架部分是组装之后与后挡板进行接合。在涂漆工序特别精心！

材 料

后挡板（宽9cm×高1.3cm×长60cm）……2块

前挡板（宽9cm×高1.3cm×长60cm）……2块

侧板（宽9cm×高1.3cm×长20cm）……2块

底板（宽9cm×高1.3cm×长7.5cm）……2块

隔板（宽6cm×高1.3cm×长18cm）……1块

托板（宽9cm×高1.3cm×长5cm）……1块

波浪钉（宽2.8cm×长1.3cm）……4根

木螺丝（长3.5cm）……24根

水性涂料（白色）……适量

干香草（不论是花还是叶子都可）……适量

木工黏合剂……适量

工 具

锤子/电动钻孔起子

涂料用容器/水性涂料刷子

砂纸/锯子

木料图纸

*这一木料图纸是使用了宽9cm×长182cm和长91cm的木板各1块的情况。

*裁切可委托给建材超市或是用锯子锯取。

这样的多肉就是

GOOD!

涂料备忘录

Paint Memo

涂料表面上之所以有凹凸，是因为在涂料中混入了干香草的缘故。创造出重复粉刷了好几次的感觉。

一旦生长枝条就会垂下的多肉

花架部分的深度大约20cm。若是种入照片中的波尼亚(*Crassula expansa subsp. Fragilis*)及绿之铃(*Senecio rowleyanus*)等垂吊品种，会有很棒的效果。

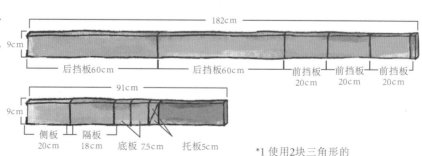

182cm

9cm

后挡板60cm　后挡板60cm　前挡板 20cm　前挡板 20cm　前挡板 20cm

91cm

9cm

侧板 20cm　隔板 18cm　底板 7.5cm　托板5cm

*1 使用2块三角形的

(完成后的尺寸：宽18cm长11.6cm×高60cm)

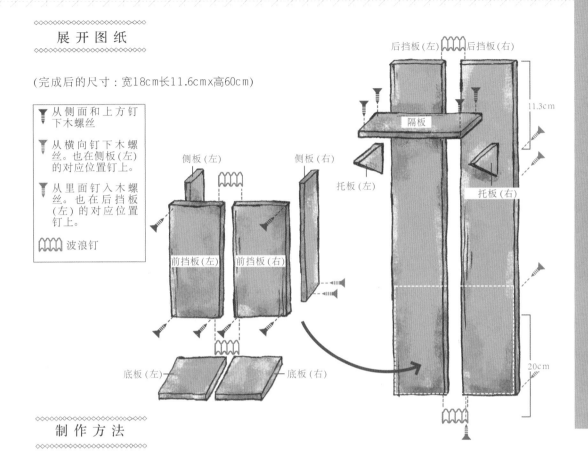

▼ 从侧面和上方钉下木螺丝

▼ 从横向钉下木螺丝。也在侧板(左)的对应位置钉上。

▼ 从里面钉入木螺丝。也在后挡板(左)的对应位置钉上。

〰〰 波浪钉

后挡板(左)　后挡板(右)

11.3cm

侧板(左)　　　侧板(右)

隔板

托板(左)

托板(右)

前挡板(左)　前挡板(右)

底板(左)　　　底板(右)

20cm

制 作 方 法

1. 把后挡板和前挡板各自固定好

参考展开图纸，用木工黏合剂将2块后挡板内侧的侧面粘着在一起，用锤子从上部和下部各自钉入1根波浪钉。前挡板也一样用2根钉子钉住。

2. 组装花架部分

把侧板和1的前挡板的两端的内侧黏在一起，使用钻孔起子，把4根木螺丝从前挡板的侧边钉入侧板的四角。在底板的中间位置留出排水用的空隙，将各自左右两边的侧板的内侧黏在一起后，从前挡板和侧板分别钉入2根木螺丝。共计侧板上是2根木螺丝，底板上是6根木螺丝。

3. 固定后挡板

把2黏到1的后挡板（展开图纸上用白色虚线表示的位置）上，从内侧则各2根木螺丝钉入侧板，再从内侧把2根木螺丝钉入底板，共计使用6根木螺丝用以固定。

4. 组装托板

把托板的5cm的边缘粘着在后挡板往上11.3cm、左右两端各留出1cm的位置，再从内侧把各2根木螺丝钉入托板用以固定。

5. 组装隔板

在4组装好的托板的上方放上隔板进行黏着，再将各2根木螺丝钉入托板用以固定。组装作业结束。

6. 粉刷好就完成了

把水性涂料移动到涂料用的容器里，将干香草混入其中。注意不要让干香草都凝结在一起，使用刷子，将表面全都刷上涂料。花架部分的内侧则从上往下3cm处全都涂上。涂料干了的话，用砂纸轻轻地摩擦就完成了。采用适合墙体材料的方法进行组装。

多 肉 植 物 目 录

多肉植物的种类众多，姿态也千差万别，不论哪个品种都极富个性，充满魅力。这个目录里我们选择了多肉植物中超高人气的品种，依据科、属来分别简单介绍。

图标的含义

生长类型	详细记载于P83

株 形

Ⓐ 主干长高，在上方生发枝条。
Ⓑ 虽然稍稍直立，但会因为重量而倒伏。
Ⓒ 匍匐生长向四面扩展，或是下垂。
Ⓓ 借由匍匐枝横向蔓延。

景天科
(Crassulaceae)

大戟科
(Euphorbiaceae)

马齿苋科
(Portulacaceae)

百合科
(Liliaceae)

番杏科
(Aizoaceae)

龙舌兰科
(Agavaceae)

菊科
(Asteraceae)

仙人掌科
(Cactaceae)

景天属

Sedum

景天科
(Crassulaceae)

原 生 地：分布于世界各国的热带和温带地区，叶片饱满厚实的品种大多分布在中美洲。

姿态的特征：分为叶片稍小、如同地被一般蔓延的类型和叶片饱满厚实的直立性类型。叶片的颜色与形状各式各样，丰富多彩、千变万化。花期虽然是依据种类有所不同，但开花方式大多都是集中在茎干的顶端，绽放出小小的花朵。

特 性：叶片越是厚实，耐旱性越强，越怕闷热潮湿。圆扇八宝（*Hylotelephium sieboldii*）之类的日本原生种则不论是寒冷、酷暑还是干燥都能抵抗，十分强健。

反曲景天 *(Sedum reflexum)*

抗 湿 热 性	◆◆◆◆
耐 阴 性	◆◆◆◆
生 长 速 度	◆◆◆◆
生长类型与株形	春 - 秋生长型／Ⓑ
生长后的大小	高度：约15厘米／以生长点为中心直径：约1厘米

反曲景天的特征是纤细的叶片。耐旱性很强，最适合用作地被植物栽培，在屋顶绿化中也常被使用。

春萌 *(Sedum 'Alice Evans')*

抗 湿 热 性	◆◆◆◆
耐 阴 性	◆◆
生 长 速 度	◆◆◆
生长类型与株形	春 - 秋生长型／Ⓐ
生长后的大小	

高度：约20厘米／以生长点为中心直径：约4.5厘米

稍稍扁平的叶片呈现出麝香葡萄一般的翠绿，顶端略带点红润。从春季到秋季，整株会隐约散发出甜甜的香味。

宝珠 *(Sedum dendroideum ssp. praealtum)*

抗 湿 热 性	◆◆◆◆
耐 阴 性	◆◆
生 长 速 度	◆◆
生长类型与株形	春 - 秋生长型／Ⓐ
生长后的大小	高度：约30厘米／以生长点为中心直径：约5厘米

拥有带着光泽的大型叶片的直立种。枝条伸展后，下边的叶片会掉落，只有上方会长叶。就算放在淋得到雨的地方也能生长。

覆轮丸叶万年草 (Sedum makinoi f. variegata)

抗 湿 热 性	◆◆
耐 阴 性	◆◆
生 长 速 度	◆◆◆◆
生长类型与株形	秋 - 春生长型／C
生长后的大小	匍匐性向四面蔓延

圆形的叶片一片一片地叠起般生长。叶色中带着淡淡的白色和粉红色，给人柔和清爽的感觉。

天使之泪 (Sedum treleasei)

抗 湿 热 性	◆◆
耐 阴 性	◆◆
生 长 速 度	◆◆◆
生长类型与株形	秋 - 春生长型／A
生长后的大小	高度：约 20 厘米／以生长点为中心直径：约 3 厘米

微微鼓起的明亮黄绿色叶片形成莲座状，隐隐地附着了些许白色粉末。可爱度出类拔萃，和杂货也很般配。

景天科
(Crassulaceae)

白厚叶景天 (Sedum allantoides)

抗 湿 热 性	◆◆◆
耐 阴 性	◆◆
生 长 速 度	◆◆
生长类型与株形	春 - 秋生长型／A
生长后的大小	高度：约 20 厘米／以生长点为中心直径：约 4 厘米

圆弧形着向上伸展的细长叶片呈互生的排列方式，姿态十分独特。植物表面蒙着一层白色的粉末，略微泛蓝的淡绿叶色十分美丽。

大戟科
(Euphorbiaceae)

马齿苋科
(Portulacaceae)

百合科
(Liliaceae)

番杏科
(Aizoaceae)

龙舌兰科
(Agavaceae)

菊科
(Asteraceae)

仙人掌科
(Cactaceae)

日本景天 (Sedum japonicum)

抗 湿 热 性	◆◆◆◆
耐 阴 性	◆◆
生 长 速 度	◆◆◆
生长类型与株形	春 - 秋生长型／B
生长后的大小	因匍匐性向四面蔓延

小小的叶片紧密地挤在一起，蔓延生长，可以当作地被植物。春天开花，寒冬期间的叶子会变红成为美丽的红叶。

珊瑚珠 (Sedum stahlii)

抗 湿 热 性	◆◆◆◆
耐 阴 性	◆◆
生 长 速 度	◆◆◆◆
生长类型与株形	春 - 秋生长型／B
生长后的大小	

高度：约 10 厘米／以生长点为中心直径：约 1 厘米

茎上附着着带有光泽的圆形小米粒状叶子，弯曲着向上伸展。寒冬时叶片会变成漂亮的红色。

铭月 (Sedum nussbaumerianum)

抗 湿 热 性	◆◆◆◆
耐 阴 性	◆◆
生 长 速 度	◆◆
生长类型与株形	春 - 秋生长型／A
生长后的大小	高度：约 20 厘米／以生长点为中心直径：约 4.5 厘米

扁平细长的叶片。盛夏时是黄绿色，春秋两季则会变成带点橘黄。秋季时常晒太阳的话，红色会更明显。

三色景天 (*Sedum spurium 'Tricolor'*)

抗 湿 热 性	◆◆◆
耐 阴 性	◆◆
生 长 速 度	◆◆◆
生长类型与株形	春 - 秋生长型／Ⓒ
生长后的大小	匍匐性，四面蔓延

"小球玫瑰"（Sedum spurium 'Dragon's blood'）的白斑品种。带着些许的粉红色，非常适合当作组合盆栽的材料。

景天科
(*Crassulaceae*)

新玉缀 (*Sedum morganianum var. burrito*)

抗 湿 热 性	◆◆◆◆
耐 阴 性	◆◆
生 长 速 度	◆◆
生长类型与株形	春 - 秋生长型／Ⓑ
生长后的大小	高度：约10厘米／以生长点为中心直径：约1.5厘米

覆盖着一层白色粉末的美丽叶片，如同串串葡萄般密集生长。光照不足的话，叶片会容易掉落。

圆叶景天 (*Sedum makinoi*)

抗 湿 热 性	◆◆◆◆
耐 阴 性	◆◆
生 长 速 度	◆◆◆◆
生长类型与株形	春 - 秋生长型／Ⓒ
生长后的大小	匍匐性，四面蔓延

黄金色的小小叶片茂密地生长在一起。气候适宜的地区可以地栽和地被植物来使用。

恋心 (*Sedum 'koigokoro'*)

抗 湿 热 性	◆◆◆
耐 阴 性	◆◆
生 长 速 度	◆◆◆
生长类型与株形	春 - 秋生长型／Ⓐ
生长后的大小	

高度：约20厘米／以生长点为中心直径：约5厘米

香蕉一般弯曲而饱满的叶片向上伸展。从秋季到寒冬期间，叶尖会变成粉红色。

斑叶佛甲草 (*Sedum lineare f.variegata*)

抗 湿 热 性	◆◆◆◆
耐 阴 性	◆◆
生 长 速 度	◆◆
生长类型与株形	春 - 秋生长型／Ⓒ
生长后的大小	高度：约5厘米／以生长点为中心直径：约2厘米

寒冬期间地面上的植株会枯萎，宿根型品种。像竹叶一般的细长叶子，叶缘的白边十分有特色。若干株植物常常茂密地群生在一起。

反曲景天 "变色龙" (Sedum reflexum cv. Chameleon)

抗湿热性	◆◆◆
耐阴性	◆◆◆
生长速度	◆◆◆
生长类型与株形	春 - 秋生长型／Ａ
生长后的大小	高度：约 30 厘米／以生长点为中心直径：约 2.5 厘米

蓝灰色的叶片一边生长，一边分出细细的分枝。气温下降的话，会变成粉红色。

小球玫瑰 (Sedum spurium 'Dragon's blood')

抗湿热性	◆◆
耐阴性	◆◆◆◆
生长速度	◆◆◆◆
生长类型与株形	春 - 秋生长型／Ｂ
生长后的大小	高度：约 5 厘米／以生长点为中心直径：约 1 厘米

深深的紫红色叶片，十分适合用于组合栽植。和其他多肉植物相比，需要水分较多，因此要注意不要过分干燥。

粉雪 (Sedum Ostorare)

抗湿热性	◆◆◆◆
耐阴性	◆◆
生长速度	◆◆◆◆
生长类型与株形	春 - 秋生长型／Ｂ
生长后的大小	高度：约 15 厘米／以生长点为中心直径：约 0.5 厘米

小小的叶片到了冬天的话，就会像薄薄地积了一层白雪一般覆上白色粉末。干燥的环境下白色更加明显。耐寒性很强。

虹之玉 (Sedum rubrotinctum)

抗湿热性	◆◆◆◆◆◆
耐阴性	◆
生长速度	◆◆◆◆
生长类型与株形	春 - 秋生长型／Ｂ
生长后的大小	高度：约 20 厘米／以生长点为中心直径：约 2 厘米

带有光泽的圆形叶子时常晒阳光的话，寒冬期间就会变得很红。植株长成后，初春就会放射状地绽放出黄色花朵。

白花小松 (Villadia batesii)

抗湿热性	◆◆◆
耐阴性	◆◆
生长速度	◆◆◆◆◆
生长类型与株形	春 - 秋生长型／Ｂ
生长后的大小	高度：约 15 厘米／以生长点为中心直径：约 1.5 厘米

鲜艳的嫩绿色小小叶片密集地生长，到了春天会开出小花。推荐用于组合栽植的前方。

黄丽 (Sedum adolphii)

抗湿热性	◆◆◆◆
耐阴性	◆◆
生长速度	◆◆◆
生长类型与株形	春 - 秋生长型／Ａ
生长后的大小	高度：约 20 厘米／以生长点为中心直径：约 4 厘米

密集生长的黄色叶片只有叶尖会带点橘色。日照越强烈，颜色越浓烈。到了春天，还会绽放白色花朵。

景天科
(Crassulaceae)

大戟科
(Euphorbiaceae)

福桂花科
(Fouquieriaceae)

百合科
(Liliaceae)

番杏科
(Aizoaceae)

龙舌兰科
(Agavaceae)

菊科
(Asteraceae)

仙人掌科
(Cactaceae)

青锁龙属

Crassula

景天科
(*Crassulaceae*)

原 生 地：南非等地。

姿态的特征：虽然也有匍匐性品种，但几乎都是直立种。三角形的叶片交错对生成十字状。花色有白色、黄色、粉红色等，分为春季开花和盛夏开花两种。

特 性：非常耐旱，但忌高温潮湿，长期淋雨的话，容易引发根部腐烂及黑斑病的症状。虽然是较能抵抗寒冷的类型，但在寒冬期间还是要注意防冻。

景天科
(*Crassulaceae*)

大戟科
(*Euphorbiaceae*)

马齿苋科
(*Portulacaceae*)

百合科
(*Liliaceae*)

番杏科
(*Aizoaceae*)

龙舌兰科
(*Agavaceae*)

菊科
(*Asteraceae*)

仙人掌科
(*Cactaceae*)

星公主 (*Crassula remota*)

抗 湿 热 性	◆◆◆◆
耐 阴 性	◆◆
生 长 速 度	◆◆◆
生长类型与株形	春 - 秋生长型 ／ Ⓒ
生长后的大小	因匍匐性向四面蔓延

银绿色的椭圆形子叶上覆盖着一层白色绒毛，给人软绵绵的感觉。气温下降的话，就会出现红叶现象，十分雅致耐看。

红缘心水晶 (*Crassula pellucida*)

抗 湿 热 性	◆◆◆◆
耐 阴 性	◆◆
生 长 速 度	◆◆◆
生长类型与株形	春 - 秋生长型 ／ Ⓒ
生长后的大小	高度：约3厘米／以生长点为中心直径：约2厘米

茎干平卧地面，蔓延生长。叶缘上有白斑，表面还带点淡淡的粉红色。最适合悬挂种植。

高千穗 (*Crassula turrita*)

抗 湿 热 性	◆◆◆
耐 阴 性	◆◆
生 长 速 度	
生长类型与株形	春 - 秋生长型 ／ Ⓑ

高度：约10厘米／以生长点为中心直径：约1厘米

向四面扩散生长的小型三角叶片密集地重叠在一起。通常是绿叶，空气开始干燥的话，会产生红叶现象。

钱串景天 / 舞乙女 (*Crassula marnieriana*)

抗 湿 热 性	◆
耐 阴 性	◆◆
生 长 速 度	◆◆◆
生长类型与株形	秋 - 春生长型 ／ Ⓑ
生长后的大小	高度：约30厘米／以生长点为中心直径：约1厘米

色彩明亮的厚实叶片胖乎乎的，如同念珠一般连接成串。到了春季，从生长点长出花杆，开出白色花朵。忌盛夏时的闷热天气，需要特别注意。

波尼亚 *(Crassula browniana)*

抗湿热性	◆◆◆◆
耐 阴 性	◆◆
生 长 速 度	◆◆◆

生长类型与株形 春 - 秋生长型／Ⓒ
生长后的大小 匍匐性，向四面蔓延

具有红色的茎，如同纽扣藤 *(Muehlenbeckia complexa)* 一般的小小叶子向四面八方蔓延生长。加入到组合栽植里十分好看。

乙姬 *(Crassula exilis ssp.cooperi)*

抗湿热性	◆◆◆
耐 阴 性	◆◆
生 长 速 度	◆◆◆

生长类型与株形 春 - 秋生长型／Ⓑ
生长后的大小 约 5 厘米／以生长点为中心直径：约 1.5 厘米

叶子背面为紫红色，密集群生的小生长型。从初夏开始，整个夏季茎干都会生长，并开出无数粉红色小花。

雨心 *(Crassula volkensii.)*

抗湿热性	◆◆◆◆
耐 阴 性	◆◆
生 长 速 度	◆◆◆

生长类型与株形 春 - 秋生长型／Ⓒ
生长后的大小 高度：约 3 厘米／以生长点为中心直径：约 2 厘米

小小的椭圆形叶子因为寒冷会变红，横向攀爬式蔓延。忌寒冬期的过度潮湿，养护时需多加注意。

若绿 *(Crassula muscosa)*

抗湿热性	
	◆◆◆◆
耐 阴 性	
	◆◆
生 长 速 度	
	◆◆◆

生长类型与株形
春 - 秋生长型／Ⓑ
生长后的大小
高度：约 20 厘米／以生长点为中心直径：约 0.7 厘米

鳞片状的小叶片如同铠甲般重叠生长，枝条向上耸立簇生，姿态好像针叶树。

爱星 *(Crassula rupestris f.)*

抗湿热性	◆◆
耐 阴 性	◆◆
生 长 速 度	◆◆

生长类型与株形 秋 - 春生长型／Ⓐ
生长后的大小 高度：约 30 厘米／以生长点为中心直径：约 1.5 厘米

厚实的三角形叶片交错地密集重叠，叶片边缘带红色覆轮，春季会开出粉红色的小花。

景天科
(Crassulaceae)

大戟科
(Euphorbiaceae)

马齿苋科
(Portulacaceae)

百合科
(Liliaceae)

番杏科
(Aizoaceae)

龙舌兰科
(Agavaceae)

菊科
(Asteraceae)

仙人掌科
(Cactaceae)

南十字星 (Crassula conjuncta f.variegata)

抗 湿 热 性　◆◆◆
耐　阴　性　◆◆
生 长 速 度　◆◆◆
生长类型与株形　秋 - 春生长型 ／Ⓐ
生长后的大小　高度：约 30 厘米／以生长点为
　　　　　　　中心直径：约 1 厘米

带有白斑的小叶片子交错地生长。环境干燥
的话，绿色叶片会染上紫红色。到了春季，
会开出淡淡的粉红色花朵。避免盛夏期间的
直射阳光。

锦乙女 (Crassula sarmentosa harv.f.variegata)

抗 湿 热 性
◆◆◆◆
耐　阴　性
◆◆
生 长 速 度
◆◆◆
生长类型与株形
春 - 秋生长型 ／Ⓑ
生长后的大小

高度：约 30 厘米／以生长点
为中心直径：约 3 厘米

带绿色和黄色花纹的轻薄叶
片交错生长。气温下降后，
叶片上的绿色部分会变成深
深的红色。

景天科
(Crassulaceae)

大戟科
(Euphorbiaceae)

马齿苋科
(Portulacaceae)

百合科
(Liliaceae)

番杏科
(Aizoaceae)

龙舌兰科
(Agavaceae)

菊科
(Asteraceae)

仙人掌科
(Cactaceae)

姬神刀 (Malephora latipetala)

抗 湿 热 性　◆◆◆
耐　阴　性　◆◆
生 长 速 度　◆◆◆
生长类型与株形　春 - 秋生长型 ／Ⓐ
生长后的大小　高度：约 20 厘米／以生长点
　　　　　　　为中心直径：约 5 厘米

仿佛喷上白色粉末般质感的淡蓝色叶片，
有着刀尖的形状。叶子一边左右交错，一
边向上伸展。盛夏期间会开出红色花朵。

火祭 (Crassula americana 'Flame')

抗 湿 热 性　◆◆
耐　阴　性　◆
生 长 速 度　◆◆◆◆
生长类型与株形　秋 - 春生长型 ／Ⓑ
生长后的大小　高度：约 10 厘米／以生长点为中心直径：
　　　　　　　约 5 厘米

顶端尖锐的红色叶片向上伸展，俏丽的姿态如同
火焰一般。气温下降后，红色会加深，到了秋季
会开出白色花朵。

方鳞若绿 (Crassula ericoides)

抗 湿 热 性　◆◆◆◆
耐　阴　性　◆◆
生 长 速 度　◆◆◆
生长类型与株形　春 - 秋生长型 ／Ⓑ
生长后的大小　高度：约 30 厘米／以生长点为中心直径：约 1 厘米
松针树般的独特叶片耸立簇生，分枝后向上伸展，
老枝下方的叶片容易枯萎。

火祭之光 *(Crassula americana cv. Flame f. variegata)*

抗 湿 热 性	◆◆◆
耐 阴 性	◆◆
生 长 速 度	◆◆◆
生长类型与株形	秋 - 春生长型 ／Ⓑ
生 长 后 的 大 小	高度：约10厘米／以生长点为中心直径：约7厘米

气温下降后，红色加深，秋季会开出白色花朵。子株从母株侧旁分生繁殖。

赤鬼城 *(Crassula fusca)*

抗 湿 热 性	◆◆◆
耐 阴 性	◆◆
生 长 速 度	◆◆◆
生长类型与株形	夏生长型 ／Ⓑ
生 长 后 的 大 小	高度：约50厘米／以生长点为中心直径：约5厘米

从春季到盛夏期都是带有光泽的绿色。气温一下降，生长就停滞，秋季到寒冬期会慢慢变成红色。盛夏时会开出白色花朵。

爱星 (纯绿色) *(Crassula rupestris)*

抗 湿 热 性	◆◆
耐 阴 性	◆◆◆
生 长 速 度	◆◆
生长类型与株形	春 - 秋生长型 ／Ⓒ
生 长 后 的 大 小	高度：约30厘米／生长点为中心直径：约1.5厘米

薄荷绿色的叶色十分美丽，比较而言耐阴性较好，因此偶尔可以拿到室内作为室内装饰欣赏。

茜之塔 *(Crassula corymbulosa)*

抗 湿 热 性	◆◆◆
耐 阴 性	◆◆
生 长 速 度	◆◆◆
生长类型与株形	春 - 秋生长型 ／Ⓑ
生 长 后 的 大 小	高度：约10厘米／以生长点为中心直径：约1厘米

向四面蔓延的小型三角形叶子，密集地重叠在一起。叶片全年都是暗红色的美丽品种。随着生长会形成大型群生。

银箭 *(Crassula mesembryanthoides)*

抗 湿 热 性	◆◆
耐 阴 性	◆◆
生 长 速 度	◆◆◆
生长类型与株形	秋 - 春生长型 ／Ⓐ
生 长 后 的 大 小	高度：约30厘米／以生长点为中心直径：约2厘米

特征是被细细的绒毛包裹住的细长叶片，分枝而后向上伸展。老株的茎干及叶片容易变成茶色。

星王子 *(Crassula conjuncta)*

抗 湿 热 性	◆◆◆
耐 阴 性	◆◆
生 长 速 度	◆◆
生长类型与株形	秋 - 春生长型 ／Ⓐ
生 长 后 的 大 小	高度：约30厘米／以生长点为中心直径：约2.5厘米

带点灰色的青蓝叶片交错地重叠在一起，边缘带红色。从盛夏到秋季开出白色小花。秋季之后，会产生美丽的红叶现象。

景天科
(Crassulaceae)

大戟科
(Euphorbiaceae)

马齿苋科
(Portulacaceae)

百合科
(Liliaceae)

番杏科
(Aizoaceae)

龙舌兰科
(Agavaceae)

菊科
(Asteraceae)

仙人掌科
(Cactaceae)

厚叶草属

Pachyphytum 景天科

原 生 地：中美洲。

姿态的特征：平卧匍匐的姿态很受欢迎。当中不少品种会长出侧芽而成多头群生。挺立而出的花杆上开满橘色、黄色、粉红色的小花，十分美丽。

特　　性：生长很慢。厚厚的叶子可以储存不少的水分，因此浇水的次数要稍少一些。虽然大多数是比较强健的品种，仍要注意盛夏期的闷热和寒冬期的霜冻。

景天科
(Crassulaceae)

大戟科
(Euphorbiaceae)

马齿苋科
(Portulacaceae)

百合科
(Liliaceae)

番杏科
(Aizoaceae)

龙舌兰科
(Agavaceae)

菊科
(Asteraceae)

仙人掌科
(Cactaceae)

千代田之松 (Pachyphytum compactum)

叶尖有尖尖的角，给人稍微强硬的印象。叶色从春季到盛夏都是绿色，到了寒冬期，会变成带点黄色的色调。

抗 湿 热 性	◆◆◆
耐　阴　性	◆◆
生 长 速 度	◆
生长类型与株形	春 - 秋生长型／Ⓒ
生长后的大小	高度：约6厘米／以生长点为中心直径：约8厘米

月美人 (Graptopetalum amethystinum)

由带着淡淡粉红色，覆盖着一层白色粉末的叶片组成，如同糕点糖球一般的姿态十分讨喜。长大后，茎干会向上伸展而群生在一起。

抗 湿 热 性	◆◆◆
耐　阴　性	◆◆
生 长 速 度	◆
生长类型与株形	春 - 秋生长型／Ⓐ
生长后的大小	高度：约15厘米／以生长点为中心直径：约9厘米

长叶美人 (Pchyphytum longfolium)

带着白色粉末的青蓝叶片接连耸立，形成剑山一般的形状。气温下降后，叶片会变成粉红色。

抗 湿 热 性	◆◆◆◆
耐　阴　性	◆◆
生 长 速 度	◆
生长类型与株形	春 - 秋生长型／Ⓒ
生长后的大小	高度：约6厘米／以生长点为中心直径：约8厘米

月花美人 (Pachyveria 'tukihanabijin')

扁平的叶片向四面扩散为莲座状。一旦温度下降，浅灰色的叶片就会带上粉红色，而且变得更加饱满、圆润。

抗 湿 热 性	◆◆◆◆
耐　阴　性	◆◆
生 长 速 度	◆◆
生长类型与株形	春 - 秋生长型／Ⓐ
生长后的大小	高度：约15厘米／以生长点为中心直径：约10厘米

紫丽殿 (Pachyveria 'Hummel's Purple')

红色的尖叶上覆盖着一层淡淡的白色粉末。经常晒太阳的话，到了秋季会产生漂亮的红叶。

抗 湿 热 性	◆◆◆◆
耐　阴　性	◆◆
生 长 速 度	◆◆
生长类型与株形	春 - 秋生长型／Ⓒ
生长后的大小	高度：约15厘米／以生长点为中心直径：约9厘米

莲花掌属

Aeonium　景天科

原　生　地：加那利群岛、北非等地。

姿态的特征：莲座状扩散的叶片生长在茎干的顶端，而茎干下方叶子全部脱落。大多数品种从中间的生长点生长出花穗，然后绽放出黄色的花朵。所有品种都是直立型。

特　　　性：春季和秋季是需要水的季节，因此比起其他多肉品种，更需要浇水。盛夏期间会掉叶，因是进入了休眠期，需要断水。

小人祭 (Aeonium sedifolius)

灌木丛状生长，属于莲花掌属中很罕见的株型。黄绿色中带着红色的条纹，小小的叶片茂密地丛生在一起。

抗湿热性	◆◆
耐 阴 性	◆◆
生长速度	◆◆
生长类型与株形	秋 - 春生长型／A
生长后的大小	高度：约30厘米／以生长点为中心直径：约1厘米

景天科
(Crassulaceae)

大戟科
(Euphorbiaceae)

马齿苋科
(Portulacaceae)

百合科
(Liliaceae)

番杏科
(Aizoaceae)

龙舌兰科
(Agavaceae)

菊科
(Asteraceae)

仙人掌科
(Cactaceae)

爱染锦 (Aeonium domesticum fa Variegata)

比起"黑法师"算是小生长型，叶片更厚实些，绿色和奶油色的对比色彩美丽动人。生长缓慢，长大后会出现群生。

抗湿热性	◆◆
耐 阴 性	◆◆
生长速度	◆◆
生长类型与株形	秋 - 春生长型／A
生长后的大小	高度：约30厘米／以生长点为中心直径：约5厘米

夕映 (Aeonium decorum cv.variegata)

根据季节产生叶色变化是其魅力之一。天气变冷的话，鲜艳的叶色会加深。初夏开出白色花朵。

抗湿热性	◆◆◆
耐 阴 性	◆◆
生长速度	◆◆
生长类型与株形	春 - 秋生长型／A
生长后的大小	高度：约30厘米／以生长点为中心直径：约5厘米

黑法师 (Aeonium arboreum cv.Atropurpureum)

莲花掌中最著名的品种，黑色的叶片展开在纤细的茎干顶端，个性十足。下方的叶子会掉落，茎干会朝着光线方向生长，所以需要经常调整摆放位置，以免倾斜。

抗湿热性	◆◆
耐 阴 性	◆◆
生长速度	◆◆
生长类型与株形	秋 - 春生长型／A
生长后的大小	高度：约50厘米／以生长点为中心直径：约15厘米

曝日 (Aeonium urbicum cv. Variegatum 'Sunburst')

是蓝绿色和奶白色组合的品种。环境干燥的话，会现出红色。盛夏期间绽放淡奶油色的花朵。

抗湿热性	◆◆
耐 阴 性	◆◆
生长速度	◆◆
生长类型与株形	秋 - 春生长型／A
生长后的大小	高度：约50厘米／以生长点为中心直径：约15厘米

银波锦属

Cotyledon 景天科

原　生　地：南非等地。
姿态的特征：所有品种都是直立型。特征是平
　　　　　　卧匍匐、圆润厚实的叶片，大多
　　　　　　表面都覆盖了一层白色粉末。5月
　　　　　　左右会开出一串串橘色和黄色的
　　　　　　花朵。
特　　　性：极其不耐闷热。因此从梅雨结束
　　　　　　到9月下旬为止都需要特别细心
　　　　　　的关照。寒冬也要注意防止冻
　　　　　　伤。因为叶片厚实，耐旱性强。

景天科
(Crassulaceae)

大戟科
(Euphorbiaceae)

落葵科
(Basellaceae)

百合科
(Liliaceae)

番杏科
(Aizoaceae)

龙舌兰科
(Agavaceae)

菊科
(Asteraceae)

仙人掌科
(Cactaceae)

轮回 (Cotyledon orbiculata)

绿色叶片上勾勒出深紫红
色的边缘，表面覆盖着一
层白色粉末。茎干直立，
养殖方法根据个体差异较
大。耐闷热能力较强。

抗湿热性	◆◆◆◆
耐阴性	◆◆
生长速度	◆
生长类型与株形	春 - 秋生长型／Ａ
生长后的大小	高度：约30厘米／以生长点为中心直径：约5厘米

青莎 (Cotyledon elisae)

鲜嫩的绿色叶片上有一
道红色边缘。虽然不会
出现红叶现象，但是环
境干燥的话，边缘的红
圈会加深。初夏绽放出
吊钟状的红色花朵。

抗湿热性	◆◆◆
耐阴性	◆◆
生长速度	◆◆
生长类型与株形	秋 - 春生长型／Ａ
生长后的大小	高度：约20厘米／以生长点为中心直径：约3厘米

达摩福娘 (Cotyledon cv. fuxtukuramusume)

正如其名，是一种饱满可
爱的人气品种。春季开出
橘色的吊钟状的花朵。忌
闷热，管理时需要多加注
意。

抗湿热性	◆
耐阴性	◆◆
生长速度	◆
生长类型与株形	秋 - 春生长型／Ａ
生长后的大小	高度：约20厘米／以生长点为中心直径：约4厘米

熊童子 (Cotyledon tomentosa)

厚实的叶片被细小的短
毛覆盖，顶端好像爪子
一般的突起上带有一点
红色。秋季会开出吊钟
状的橘色花朵。

抗湿热性	◆
耐阴性	◆◆
生长速度	◆
生长类型与株形	秋 - 春生长型／Ａ
生长后的大小	高度：约20厘米／以生长点为中心直径：约4厘米

福娘／丁氏轮回 (Cotyledon orbiculatavar. oophylla(dinteri))

带着白色粉末的绿叶顶
端镶有红色缘边，群生
生长。从春季到初夏，
绽放出深橘色的花朵。

抗湿热性	◆
耐阴性	◆◆
生长速度	◆◆◆
生长类型与株形	秋 - 春生长型／普通
生长后的大小	高度：约20厘米／以生长点为中心直径：约4厘米

瓦松属

Orostachys　景天科

原　生　地：东亚。

姿态的特征：具有匍匐性，群生蔓延。从莲座的中央伸出圆锥状花序，开白花。叶子的形状有扁平型、细长型等。

特　　　性：寒冬季节会只剩下生长点，四周的叶片则处于枯萎状态。大多数品种忌高温潮湿，开花后植株母本会枯死，可以用匍匐茎伸出的子株繁殖更新。

子持年华
(Orostachys. furusei)

子持年华的名字是因为会生出许多的子株而来。叶子的颜色是鲜嫩而清淡的薄荷绿，下方的叶子会带有些许的红色。

抗湿热性	◆◆
耐阴性	◆◆
生长速度	◆◆◆
生长类型与株形	春 - 秋生长型／Ⓓ
生长后的大小	高度：约 2 厘米／以生长点为中心直径：约 2 厘米

玄海岩莲华
(Orostachys genkaiense)

子持年华的亚种，明亮的绿叶，也是个小型品种。耐寒性强，也较为强健，即便遭遇霜冻也没有问题。

抗湿热性	◆◆◆
耐阴性	◆◆
生长速度	◆◆◆
生长类型与株形	春 - 秋生长型／Ⓓ
生长后的大小	高度：约 2 厘米／以生长点为中心直径：约 3 厘米

爪莲华 *(Orostachys japonicus)*

日本原产，可以在屋外地植。到了秋季叶子会染上茶色，莲座的中央隆起，开出白花。

抗湿热性	◆◆◆◆
耐阴性	◆◆
生长速度	◆◆◆
生长类型与株形	春 - 秋生长型／Ⓓ
生长后的大小	高度：约 10 厘米／以生长点为中心直径：约 10 厘米

八宝属

Hylotelephium　景天科

原　生　地：日本

姿态的特征：茎干直立或是倾斜向上。叶子是带有扁平的椭圆形，被白色粉末覆盖，叶缘波浪形。夏季茎干的顶端会绽放出伞房状的粉红色花朵。

特　　　性：特性是强健。寒冬里地面上的植株部分虽然会枯萎，但耐寒性很强，到了春天又会再次发芽。容易遭遇青虫的危害，需要多加注意。

圆扇八宝
(Hylotelephium sieboldii)

青色叶片上覆盖了一层薄薄的白色粉末，叶缘为粉红色。秋季会在枝头开出粉红色的花朵。

抗湿热性	◆◆◆◆◆
耐阴性	◆◆◆
生长速度	◆◆◆
生长类型与株形	春 - 秋生长型／Ⓐ
生长后的大小	高度：约 15 厘米／以生长点为中心直径：约 2 厘米

景天科
(Crassulaceae)

大戟科
(Euphorbiaceae)

马齿苋科
(Portulacaceae)

百合科
(Liliaceae)

番杏科
(Aizoaceae)

龙舌兰科
(Agavaceae)

菊科
(Asteraceae)

仙人掌科
(Cactaceae)

拟石莲花属

Echeveria

景天科

原 生 地：中美洲。

姿态的特征：叶子如同花朵一般形成莲座状。有茂密地群生的品种，也有直立性的品种。长长伸出的花茎上开出黄色、橘色、粉红色的小花。

特 性：大多忌寒冬期间的潮湿，下方的叶子沾水弄脏后，很容易得病。耐旱能力强，盛夏和寒冬期间都要极力控制浇水，并放在通风良好的地方进行管理。

景天科
(Crassulaceae)

大戟科
(Euphorbiaceae)

马齿苋科
(Portulacaceae)

百合科
(Liliaceae)

番杏科
(Aizoaceae)

龙舌兰科
(Agavaceae)

菊科
(Asteraceae)

仙人掌科
(Cactaceae)

立田 (Echeveria Pachyveria)

抗湿热性	◆◆◆◆
耐 阴 性	◆◆
生长速度	◆◆

生长类型与株形 春 - 秋生长型／Ⓒ

生长后的大小 高度：约 8 厘米／以生长点为中心直径：约 12 厘米

青色的细长叶片形成莲座状。寒冬里会变成粉红色。易活好养的品种。长出子株后形成群生。

特玉莲 (Echeveria runyonii cv. 'Topsy Turvy')

抗湿热性	◆◆◆◆
耐 阴 性	◆◆
生长速度	◆◆

生长类型与株形 春 - 秋生长型／Ⓒ

生长后的大小 高度：约 10 厘米／以生长点为中心直径：约 20 厘米

带有白粉而有些弯曲的细小叶片呈放射状扩散。忌根部拥挤，一旦下方的叶子开始枯萎，就要尽早移植。叶插的话，容易出现缀化的个体。

花司 (Echeveria harmsii)

抗湿热性	◆◆◆◆
耐 阴 性	◆◆
生长速度	◆◆

生长类型与株形 春 - 秋生长型／Ⓐ

生长后的大小 高度：约 30 厘米／以生长点为中心直径：约 6 厘米

长形的叶片上长着细细的绒毛，天气变冷时叶缘变成红色。下方的叶子会枯萎，向上生长后茎干直立起来。

玫瑰莲 / 花乙女
(Echeveria 'derosa')

抗湿热性	◆◆◆
耐 阴 性	◆◆
生长速度	◆◆

生长类型与株形 春 - 秋生长型／Ⓒ

生长后的大小 高度：约 8 厘米／以生长点为中心直径：约 12 厘米

寒冬期间叶尖会变成红色。精致的姿态极有观赏价值，是比较强健的品种。春季会开出橘色的花朵。

露娜莲 (Echeveria cv. Lola)

抗 湿 热 性	◆◆
耐 阴 性	◆◆
生 长 速 度	◆◆
生长类型与株形	春 - 秋生长型／Ｃ
生长后的大小	高度：约 10 厘米／以生长点为中心直径：约 12 厘米

花朵般美丽的莲座形品种。叶端尖尖的姿态以及青瓷般的颜色都十分受欢迎。春季里会开出橘色的花朵。

高砂之翁 (Echeveria cv Takasagono-okina)

抗 湿 热 性	◆◆◆◆
耐 阴 性	◆◆
生 长 速 度	◆◆
生长类型与株形	春 - 秋生长型／Ｃ
生长后的大小	高度：约 20 厘米／以生长点为中心直径：约 30 厘米

波浪形褶边叶片重叠在一起的生长型。植株变成老桩后，下方的叶片会掉落。环境干燥的话，叶片上会带红色。初夏开出粉红色的花朵。

紫珍珠 (Echeveria cv. Peale von Nurnberg)

抗 湿 热 性	◆◆◆◆
耐 阴 性	◆◆
生 长 速 度	◆◆
生长类型与株形	春 - 秋生长型／Ｃ
生长后的大小	高度：约 10 厘米／以生长点为中心直径：约 15 厘米

带着白色粉末的紫色大型叶片，一旦温度开始下降，颜色就会变得更深。从夏季到秋季会开出橘色的花朵。

格林 (Graptoveria cv. A Grin One)

抗 湿 热 性	◆◆◆◆
耐 阴 性	◆◆
生 长 速 度	◆◆
生长类型与株形	春 - 秋生长型／Ｃ
生长后的大小	高度：约 10 厘米／以生长点为中心直径：约 8 厘米

平卧并带点圆润的叶片，整体透出嫩黄色，尖尖的顶端略带红晕。春季会开出黄色的花朵。

白闪冠 (Echeveria cv. Bombycina)

抗 湿 热 性	◆◆◆◆
耐 阴 性	◆◆
生 长 速 度	◆◆
生长类型与株形	春 - 秋生长型／Ｃ
生长后的大小	

高度：约 5 厘米／以生长点为中心直径：约 13 厘米

小型叶片上长着天鹅绒般的绒毛，尖尖的顶端带有红晕。春季里会开出橘色的花朵。茎干容易长成直立型。

阿尔弗雷德 (Echeveria cv. 'Alfred Graf')

抗 湿 热 性	◆◆◆◆
耐 阴 性	◆◆
生 长 速 度	◆◆
生长类型与株形	春 - 秋生长型／Ｃ
生长后的大小	高度：约 10 厘米／以生长点为中心直径：约 20 厘米

叶缘呈现微妙的波浪形，厚实而有光泽的叶片莲座状扩散。富有个性的黑色，适合作为组合栽植。盛夏期间会开出深红色的花朵。

景天科 (Crassulaceae)

大戟科 (Euphorbiaceae)

马齿苋科 (Portulacaceae)

百合科 (Liliaceae)

番杏科 (Aizoaceae)

龙舌兰科 (Agavaceae)

菊科 (Asteraceae)

仙人掌科 (Cactaceae)

107

雪晃星 (Echeveria pulvinata cv. Frosty)

抗湿热性	◆◆◆◆
耐 阴 性	◆◆◆
生 长 速 度	◆◆◆
生长类型与株形	春 - 秋生长型／Ⓐ
生长后的大小	高度：约 20 厘米／以生长点为中心直径：约 7 厘米

白色绒毛覆盖了全株。一年之中颜色不会有太大变化。初夏会开出橘色的花朵。相较而言抗闷热能力强，是十分强健的品种。

景天科
(Crassulaceae)

大戟科
(Euphorbiaceae)

马齿苋科
(Portulacaceae)

百合科
(Liliaceae)

番杏科
(Aizoaceae)

龙舌兰科
(Agavaceae)

菊科
(Asteraceae)

仙人掌科
(Cactaceae)

艳桃 (Echeveria Paech Plide)

抗湿热性	◆◆◆◆
耐 阴 性	◆◆
生 长 速 度	◆◆
生长类型与株形	春 - 秋生长型／Ⓐ
生长后的大小	高度：约 15 厘米／以生长点为中心直径：约 12 厘米

清澈的绿色圆形叶组成莲座状植株，叶片较大，顶端略有尖突，气温下降后，会染上美丽的粉红色。

莱斯利 (Echeveria 'Rezry')

抗湿热性	◆◆◆
耐 阴 性	◆◆
生 长 速 度	◆◆
生长类型与株形	春 - 秋生长型／Ⓐ
生长后的大小	高度：约 20 厘米／以生长点为中心直径：约 6 厘米

群生，茎干直立。叶色在夏季是绿色，寒冬时节则会变成鲜艳的紫色。相较而言比较强健，容易栽培。

厚叶月影 (Echeveria elegans 'kesselringiana')

抗湿热性	◆◆
耐 阴 性	◆◆
生 长 速 度	◆◆
生长类型与株形	春 - 秋生长型／Ⓒ
生长后的大小	高度：约 3 厘米／以生长点为中心直径：约 8 厘米

淡绿色的叶片胖乎乎、圆滚滚的，惹人怜爱。叶上带有白粉。春季会开出橘色的花朵。忌潮湿，栽培中需多加注意。

红辉殿 (Echeveria 'Spruce-Oliver')

抗湿热性	◆◆◆◆
耐 阴 性	◆◆
生 长 速 度	◆◆
生长类型与株形	春 - 秋生长型／Ⓐ
生长后的大小	高度：约 30 厘米／以生长点为中心直径：约 7 厘米

细长的叶片亭亭玉立，形成莲座形。寒冬时节叶片会变成艳红色，十分好看。因茎干直立，可以组合成风趣独特的盆栽。

石莲属
Sinocrassula 景天科

原 生 地：亚洲、喜马拉雅山。

姿态的特征：小型的饱满叶片呈莲座状扩散，大多都会群生。株型多半偏小。春季会开出白色和黄色小花。

特　　性：耐旱性强，忌寒冷，需注意管理。开花后大多都会枯萎。

印地卡 *(Sinocrassula 'Indica')*

抗 湿 热 性	◆◆◆◆
耐 阴 性	◆◆◆
生 长 速 度	◆◆◆
生长类型与株形	春 - 秋生长型／Ⓒ
生长后的大小	高度：约5厘米／以生长点为中心直径：约2厘米

横向蔓延群生。寒冬期间会变得通红，盛夏期间会开出红色花朵。容易遭受青虫等虫害，需要注意。

天竺 *(Sinocrassula 'Densirosulata')*

抗 湿 热 性	◆◆◆◆
耐 阴 性	◆◆
生 长 速 度	◆◆
生长类型与株形	春 - 秋生长型／Ⓒ
生长后的大小	高度：约5厘米／以生长点为中心直径：约2厘米

圆形饱满的小片叶子，轻易就能从茎干上一片片摘下。横向蔓延群生。气温下降后，会因为红叶现象而染上橘红色。

大戟科
(Euphorbiaceae)

马齿苋科
(Portulacaceae)

百合科
(Liliaceae)

番杏科
(Aizoaceae)

龙舌兰科
(Agavaceae)

菊科
(Asteraceae)

仙人掌科
(Cactaceae)

景天石莲属
Sedeveria 景天科

原 生 地：欧洲。

姿态的特征：景天属与拟石莲花属的属间杂交种继承了景天属的小叶片与拟石莲花属的莲座。纤细的线条独具魅力。

特　　性：较能抵抗酷暑、寒冬，忌高温潮湿，因此要放置在光照和通风良好的场所进行管理。

树冰 *(Sedeveria 'Silver Frost')*

抗 湿 热 性	◆◆◆
耐 阴 性	◆◆
生 长 速 度	◆◆◆
生长类型与株形	春 - 秋生长型／Ⓐ
生长后的大小	高度：约15厘米／以生长点为中心直径：约5厘米

尖尖的叶片上覆盖着一层白色粉末，如同冰雪结晶一般灵气十足。植株成熟后，初夏会开出橘色的花朵。

群月花 / 群月冠
(Echeveria "Gunngetsuka")

抗 湿 热 性	◆◆◆
耐 阴 性	◆◆
生 长 速 度	◆◆◆
生长类型与株形	春 - 秋生长型／Ⓐ
生长后的大小	高度：约15厘米／以生长点为中心直径：约4厘米

青白色的叶片密集重叠，向上直立生长。春季会开出橘色的花朵。若根部挤满了花盆的话，会变成全白色。

风车草属
Graptopetalum

景天科

原　生　地：中美洲。

姿态的特征：大多都是直立茎的莲座型品种。饱满厚实的叶片带有棱角是这一属的特征。很容易就能从茎干上摘下叶子。早春时节会长出花杆，绽放出黄色及白色的小花。

特　　　性：喜爱日照，大多都是比较强健的品种。寒冬期间可以适度经历霜冻，但也须注意不要冻伤。

景天科
(Crassulaceae)

大戟科
(Euphorbiaceae)

马齿苋科
(Portulacaceae)

百合科
(Liliaceae)

番杏科
(Aizoaceae)

龙舌兰科
(Agavaceae)

菊科
(Asteraceae)

仙人掌科
(Cactaceae)

姬秋丽 (Graptopetalum mendozae)

抗湿热性	◆◆◆◆
耐　阴　性	◆◆
生　长　速　度	◆◆◆
生长类型与株形	春 - 秋生长型／B
生长后的大小	高度：约20厘米／以生长点为中心直径：约2厘米

小小的叶片容易掉落，可用来叶插，生根容易。寒冬期间株型会变得更为紧凑，叶色也会变成淡淡的粉红色。

姬胧月
(Graptosedum. 'Bronze')

抗　湿　热　性	◆◆◆◆
耐　阴　性	◆
生　长　速　度	◆◆◆

生长类型与株形
春 - 秋生长型／B
生长后的大小
高度：约20厘米／以生长点为中心直径：约4.5厘米

群生的直立茎上，茶褐色的叶片围成莲座状。茎干长长后，会有些凌乱。春季开出黄色的花朵。

白牡丹 (Graptoveria Titubans)

抗　湿　热　性	◆
耐　阴　性	◆
生　长　速　度	◆◆◆
生长类型与株形	春 - 秋生长型／A
生长后的大小	高度：约20厘米／以生长点为中心直径：约8厘米

带有白色粉末的绿色叶片围成莲座状，茎干微微直立。顶端带有一点点的红晕。春季开出粉红色花朵。

石莲花 / 胧月 (Graptopetalum paraguayense)

抗湿热性	◆◆◆◆
耐　阴　性	◆◆
生　长　速　度	◆◆◆
生长类型与株形	春～秋生长型／B
生长后的大小	高度：约20厘米／以生长点为中心直径：约10厘米

厚实的叶片上布满白粉，茎干直立，因自身重量容易歪倒。初春开出粉红色的花朵。耐寒性较好。

风车石莲属
Graptopetalum 景天科

原 生 地：

姿态的特征：风车草属与拟石莲花属的属间杂交继承了风车草属特有的带有棱角的叶片以及拟石莲花属的纤细的莲座状姿态。

特　　　性：抗酷暑、寒冷能力强，好养易活。放置在日照良好的场所培育。

厚叶旭鹤 / 伯利莲
(*Graptoveria 'Bainesii'*)

抗 湿 热 性	◆◆◆◆
耐 阴 性	◆◆
生 长 速 度	◆◆
生长类型与株形	春 - 秋生长型 ／Ⓒ
生长后的大小	高度：约 20 厘米 ／以生长点为中心直径：约 10 厘米

饱满厚实、带有粉红色的叶片围成紧凑的莲座形，寒冬期间红色稍微加深。生长后茎干会直立起来。

银 星 (*Graptoveria cv. 'Silver Star'*)

抗 湿 热 性	◆◆◆◆
耐 阴 性	◆◆
生 长 速 度	◆◆◆
生长类型与株形	春 - 秋生长型 ／Ⓒ
生长后的大小	高度：约 20 厘米 ／以生长点为中心直径：约 10 厘米

叶尖顶端突然变细，形成好像菊花的形状。寒冬期间叶尖会变成红色。从春季到初夏，绽放如同星星一般的花朵。

长生草属
Sempervivum

景天科

原 生 地：欧洲。

姿态的特征：多数品种叶片单薄而坚硬，呈莲座状。寒冬时节大多会有红叶现象。开粉红色花朵。

特　　　性：耐旱及耐寒性强，忌高温潮湿。寒冬期间受冻也没问题。初夏开花后，大多数品种会枯萎。

蛛丝卷绢 (*Sempervivum arachnoideum*)

抗 湿 热 性	◆◆◆
耐 阴 性	◆◆
生 长 速 度	◆◆
生长类型与株形	春 - 秋生长型 ／Ⓑ
生长后的大小	高度：约 2 厘米 ／以生长点为中心直径：约 3 厘米

细细的白色丝线如同蜘蛛网一般缠绕，侧生子株形成大型的群生。植株长大后，初夏会开出粉红色的花朵。

景天科
(*Crassulaceae*)

大戟科
(*Euphorbiaceae*)

马齿苋科
(*Portulacaceae*)

百合科
(*Liliaceae*)

番杏科
(*Aizoaceae*)

龙舌兰科
(*Agavaceae*)

菊科
(*Asteraceae*)

仙人掌科
(*Cactaceae*)

伽蓝菜属

Kalanchoe

景天科

原 生 地：南非、东非、马达加斯加岛、东南亚。

姿态的特征：茎为直立性，具有各种各样的姿态。有叶面长着绒毛的，也有带花纹的，各式各样。花的颜色也很丰富。还有在叶子边缘长出子株的奇特品种。

特 　 性：耐旱性强，夏季是生长期，应该多增加日照来培育。冬季的休眠期，需要控制浇水。耐寒性弱，受冻的话会枯萎，需要多加注意。

景天科
(Crassulaceae)

大戟科
(Euphorbiaceae)

马齿苋科
(Portulacaceae)

百合科
(Liliaceae)

番杏科
(Aizoaceae)

龙舌兰科
(Agavaceae)

菊科
(Asteraceae)

仙人掌科
(Cactaceae)

冬红叶 (Kalanchoe 'fuyumomiji')

抗湿热性	◆◆◆◆◆
耐阴性	◆◆
生长速度	◆◆◆
生长类型与株形	春 - 秋生长型／Ⓐ
生长后的大小	高度：约50厘米／以生长点为中心直径：约20厘米

有着枫叶一般深裂的独特叶形。叶片平常是淡淡的红色，气温下降后，红色会加深。春季开出黄花。

月兔耳 (Kalanchoe tomentosa)

抗湿热性	◆◆◆◆◆
耐阴性	◆◆◆
生长速度	◆◆◆
生长类型与株形	春 - 秋生长型／Ⓐ
生长后的大小	高度：约30厘米／以生长点为中心直径：约4厘米

在众多的"兔"字辈伽蓝菜中也是具有代表性的品种。青色叶片上密布绒毛，焦茶色的斑点像镶边一般环绕着叶缘。

蕾丝姑娘 (Bryophyllum Crenatodaigremontianum)

抗湿热性	◆◆◆◆◆
耐阴性	◆◆
生长速度	◆◆◆
生长类型与株形	春 - 秋生长型／Ⓐ
生长后的大小	高度：约30厘米／以生长点为中心直径：约40厘米

锯齿状的叶缘上长满一圈子株。子株摘下来放在土里轻易就能生根。气温变低后，叶片会着上淡淡的粉红色。

黑兔耳 (Kalancho tomentosa 'Chocolate Soldier')

抗湿热性	◆◆◆◆◆
耐阴性	◆◆◆
生长速度	◆◆◆
生长类型与株形	春 - 秋生长型／Ⓐ
生长后的大小	高度：约30厘米／以生长点为中心直径：约3厘米

在命名中带有"兔"字的种系中算是小型品种。整株长满了微带黑色的绒毛。是很受欢迎的品种。

仙人之舞 (Kalanchoe orgyalis)

抗湿热性	◆◆◆◆◆
耐阴性	◆◆
生长速度	◆◆◆
生长类型与株形	春 - 秋生长型／Ⓐ
生长后的大小	高度：约50厘米／以生长点为中心直径：约20厘米

叶片的表层是茶色，背面带点银灰，覆盖的绒毛仿佛地毯一般富于质感。个性十足，具有杂货饰品般的存在感。

白银之舞 *(Kalanchoe pumila)*

抗湿热性 ◆◆◆◆◆
耐 阴 性 ◆◆
生 长 速 度 ◆◆◆
生长类型与株形 春 - 秋生长型 ／Ⓐ
生长后的大小 高度：约 50 厘米／生以生长点为中心直径：约 10 厘米

扁平的椭圆形叶片边缘呈锯齿状，表面带有白粉。成长后茎干直立起来。春季会开出粉红色的花朵。

窄叶不死鸟 / 落地生根
(Kalanchoe daigremontian hybrid)

抗湿热性 ◆◆◆◆◆
耐 阴 性 ◆◆
生 长 速 度 ◆◆◆
生长类型与株形 春 - 秋生长型／Ⓐ
生长后的大小 高度：约 50 厘米／以生长点为中心直径：约 10 厘米

长度 7~8 厘米的棒状叶片上，带着暗红的斑点花纹。叶尖会长出子株，一旦被触碰，会扑簌簌地落下。

福兔耳 *(Kalanchoe eriophylla Hilsenb. et Bojer.)*

抗湿热性 ◆◆◆◆◆
耐 阴 性 ◆◆
生 长 速 度 ◆◆◆
生长类型与株形 春 - 秋生长型／Ⓒ
生长后的大小 高度：约 20 厘米／生长点为中心直径：约 4 厘米

被白色绒毛完全覆盖的叶片让人难以置信，还能进行光合作用吗？叶片横向垂下后，伸展成长。

景天科
(Crassulaceae)

大戟科
(Euphorbiaceae)

百合科
(Liliaceae)

番杏科
(Aizoaceae)

龙舌兰科
(Agavaceae)

菊科
(Asteraceae)

仙人掌科
(Cactaceae)

巨兔 *(Kalanchoe 'Tomentosa ')*

抗湿热性 ◆◆◆◆◆
耐 阴 性 ◆◆
生 长 速 度 ◆◆◆
生长类型与株形 春 - 秋生长型／Ⓐ
生长后的大小 高度：约 30 厘米／以生长点为中心直径：约 9 厘米

在命名中带有"兔"字的种系之中算是较大型的品种。绒毛稍粗。气温下降后，会带上红色。

朱莲 *(Kalanchoe longiflora var.coccinea)*

抗湿热性 ◆◆◆◆◆
耐 阴 性 ◆◆
生 长 速 度 ◆◆◆
生长类型与株形
春 - 秋生长型 ／Ⓐ
生长后的大小
高度：约 50 厘米／以生长点为中心直径：约 7 厘米

厚实的叶片边缘呈现轻微的锯齿状，略带红色。变冷后红色会加深。春季开出黄色花朵。

虎纹伽蓝菜 *(Kalanchoe humilis)*

抗湿热性 ◆◆◆◆◆
耐 阴 性 ◆◆
生 长 速 度 ◆◆◆
生长类型与株形 春 - 秋生长型／Ⓐ
生长后的大小 高度：约 20 厘米／以生长点为中心直径：约 10 厘米

大型扁平叶片的淡黄绿色中带有道道暗红色花纹，好像老虎花纹一般，非常有趣。气温下降后，叶缘部分会变成黄色。

大戟属

Euphorbia

大戟科

原　生　地：南非等南半球的广阔地域。

姿态的特征：大多数是带刺的品种，但因为没有刺座(着生刺的台座一般的部分)，所以并不是仙人掌。叶及茎若是受伤，会流出白色树液，碰触到皮肤可能会起炎症。

特　　　性：抗酷暑、严寒能力强，大多稍微受点冻也没事。虽然抗旱能力强，但不耐闷热，容易腐烂，因此酷暑时期要控制浇水、放置在通风良好的地方进行管理。

景天科
(*Crassulaceae*)

**大戟科
(*Euphorbiaceae*)**

红彩阁 (*Euphorbia enopla Boiss.var.enopla*)

抗 湿 热 性	◆◆◆
耐 阴 性	◆◆◆◆
生 长 速 度	◆
生长类型与株形	春 - 秋生长型／Ⓐ
生长后的大小	高度：约20厘米／以生长点为中心直径：约2.5厘米

绿色茎和红色刺的对比十分美丽。气温下降后，红色会加深。老桩会从地面的部分开始木质化而变成褐色。

琉璃晃 (*Euphorbia susannae*)

抗 湿 热 性	◆◆◆
耐 阴 性	◆◆◆◆
生 长 速 度	◆
生长类型与株形	春 - 秋生长型／Ⓒ
生长后的大小	高度：约4厘米／以生长点为中心直径：约4.5厘米

带有如同榴莲果一般的突起，群生的小生长型。因实生苗很多，存在个体差距，突起的鼓胀程度也各种各样。

白桦麒麟 (*Euphorbia mammillaris 'Variegata'*)

抗 湿 热 性	◆◆◆
耐 阴 性	◆◆◆◆
生 长 速 度	◆
生长类型与株形	春 - 秋生长型／Ⓐ
生长后的大小	高度：约20厘米／以生长点为中心直径：约3厘米

极富个性的品种，整体带白色，生长点附近着生小小的叶片。生长期会带淡淡的粉红色，变得很美。

峨眉山 (*Euphorbia 'Gabisan'*)

抗 湿 热 性	◆◆◆
耐 阴 性	◆◆◆◆
生 长 速 度	◆
生长类型与株形	春 - 秋生长型／Ⓒ
生长后的大小	高度：约4厘米／以生长点为中心直径：约3.5厘米

细小的叶片到夏季很繁茂，形成独特的姿态。冬季则会少量落叶，因此会显得有些冷清。耐寒性差，须多加注意。

马齿苋科
(*Portulacaceae*)

百合科
(*Liliaceae*)

番杏科
(*Aizoaceae*)

龙舌兰科
(*Agavaceae*)

菊科
(*Asteraceae*)

仙人掌科
(*Cactaceae*)

红麒麟 (Euphorbia aggregata)

8~9根带棱角的细小柱状植株群生在一起。寒冬时期刺会变成红色。老桩从地面的部分开始逐渐木质化成褐色。

抗湿热性	◆◆◆
耐 阴 性	◆◆◆◆
生 长 速 度	◆
生长类型与株形	春 - 秋生长型／C
生长后的大小	高度：约5厘米／以生长点为中心直径：约3厘米

鲸须麒麟 (Euphorbia polyacantha)

如画一般的仙人掌风格的姿态。从根部长出几根枝条。棱角上连接着灰色的刺。老桩会从地面部分开始木化。

抗湿热性	◆◆◆
耐 阴 性	◆◆◆◆
生 长 速 度	◆
生长类型与株形	春 - 秋生长型／A
生长后的大小	高度：约20厘米／以生长点为中心直径：约2厘米

第比利斯麒麟 (Euphorbia debilispina)

数根蓝灰色的棒状枝条从根部伸出，间隔几厘米就会突然变细，形成一节一节的形状。刺较为柔软。强健好养。

抗湿热性	◆◆◆
耐 阴 性	◆◆◆◆
生 长 速 度	◆
生长类型与株形	春 - 秋生长型／A
生长后的大小	高度：约15厘米／以生长点为中心直径：约1.5厘米

蟹丸 (Euphorbia pulvinata)

长着细长的叶子。严冬时期叶片及植株的边缘会变成粉红色。不会向上伸展，四周侧生子株，群生蔓延。

抗湿热性	◆◆◆
耐 阴 性	◆◆◆◆
生 长 速 度	◆
生长类型与株形	春 - 秋生长型／C
生长后的大小	高度：约10厘米／生长点为中心直径：约8厘米

马齿苋属

Portulacaria 大戟科

原 生 地：南非、东非等地。

姿态的特征：小灌木型的多肉植物。茎干的粗壮部分会木质化，形成独具个性的树形。大多品种都长着小小的圆形叶子。花朵很小，不太显眼。

特　　　性：耐旱性强，耐寒性弱。酷暑季节是大多数品种的生长期，冬季则是休眠期，因此要避免霜冻，放到屋内管理。喜好光照，整年都需要给予良好的光照。

彩虹马齿牡丹 (Portulaca 'Hana Misteria')

覆轮斑纹的叶片，气温下降后染上淡淡的红色。受冻后会枯萎，冬季需要拿到室内。

抗湿热性	◆◆◆◆
耐 阴 性	◆◆
生 长 速 度	◆◆◆◆
生长类型与株形	春 - 秋生长型／B
生长后的大小	高度：约50厘米／以生长点为中心直径：约130厘米

景天科 (Crassulaceae)

大戟科 (Euphorbiaceae)

马齿苋科 (Portulacaceae)

百合科 (Liliaceae)

番杏科 (Aizoaceae)

龙舌兰科 (Agavaceae)

菊科 (Asteraceae)

仙人掌科 (Cactaceae)

十二卷属

Haworthia

百合科

原　生　地：南非等地。

姿态的特征：多数是扁平的莲座类型。叶片上有被称为"窗"的通透部分，从这里吸收光线。分为软叶系及硬叶系，不论哪个品种都会长出花杆，绽放出成串的白色小花。

特　　　性：原生状态下是隐藏在岩石及碎石缝隙中间自生，所以不耐阳光直射。即便是在弱光下也能生长良好。耐旱性强，但太过干燥的话，叶片的光润度会降低。生长速度缓慢。

景天科
(Crassulaceae)

大戟科
(Euphorbiaceae)

马齿苋科
(Portulacaceae)

百合科
(Liliaceae)

番杏科
(Aizoaceae)

龙舌兰科
(Agavaceae)

菊科
(Asteraceae)

仙人掌科
(Cactaceae)

姬玉露 (Haworthia cooperi var. truncata)

抗湿热性 ◆◆◆◆
耐　阴　性 ◆◆◆◆
生　长　速　度 ◆
生长类型与株形　春 - 秋生长型／Ⓒ
生长后的大小　高度：约1厘米／以生长点为中心直径：约4厘米

惹人怜爱的软质圆叶类型。叶片的上半部分为"窗"，圆圆的小叶密集地长在一起，聚集成茂密的植株。注意不要照射过强的阳光。

玉扇 (Haworthia truncata)

抗湿热性
◆◆◆◆
耐　阴　性
◆◆◆◆
生　长　速　度
◆
生长类型与株形
春 - 秋生长型／Ⓒ
生长后的大小
高度：约3厘米／以生长点为中心直径：约13厘米

叶片向左右两侧不断展开，厚实的叶片上部像拦腰截断一般平整，姿态奇特有趣。叶子的顶端为"窗"。

青云之舞 (Haworthia cooperi var. cooperi)

抗湿热性 ◆◆◆
耐　阴　性 ◆◆◆◆
生　长　速　度 ◆
生长类型与株形　春 - 秋生长型／Ⓒ
生长后的大小　高度：约3厘米／以生长点为中心直径：约12厘米

叶片的边缘呈锯齿状，顶端尖锐。每片叶尖都有"窗"。夏季会开出白色花朵。

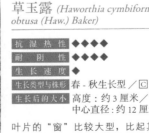

草玉露 (Haworthia cymbiformis var obtusa (Haw.) Baker)

抗湿热性 ◆◆◆◆
耐　阴　性 ◆◆◆◆
生　长　速　度 ◆
生长类型与株形　春 - 秋生长型／Ⓒ
生长后的大小　高度：约3厘米／以生长点为中心直径：约12厘米

叶片的"窗"比较大型，比起其他品种也更为柔软，用力挤压会裂开。小规模群生。干燥环境下叶子会染上红色。

玉露 / 绿晃 *(Haworthia obtuse var.pilifera)*

抗 湿 热 性	◆◆◆◆
耐 阴 性	◆◆◆◆
生 长 速 度	◆
生长类型与株形	春 - 秋生长型 ／ⓒ
生长后的大小	高度：约 3 厘米／以生长点为中心直径：约 12 厘米

在十二卷属中，叶片属于格外柔软的品种，通常是鲜艳的绿色。叶片略带有些微棱角，尖起的顶端上有"窗"。

紫翠 *(Haworthia resendeana)*

抗 湿 热 性	◆◆◆◆
耐 阴 性	◆◆◆
生 长 速 度	◆
生长类型与株形	春 - 秋生长型 ／Ⓐ
生长后的大小	高度：约 15 厘米／以生长点为中心直径：约 20 厘米

如同钩爪一般硬实的绿色叶片纵向伸展，密集地连接在直立茎干上。小型品种，虽然生长非常缓慢，但强健好养。

万象 *(Haworthia maughanii)*

抗 湿 热 性	◆◆◆◆
耐 阴 性	◆◆◆◆
生 长 速 度	◆
生长类型与株形	春 - 秋生长型 ／ⓒ
生长后的大小	高度：约 30 厘米／以生长点为中心直径：约 7 厘米

如同柱子被从中间切断一般的独特姿态。透明的部分及"窗"的花纹各种各样。很容易招来介壳虫，需要多加注意。

宝草寿 *(Haworthia retusa)*

抗 湿 热 性	◆◆◆◆
耐 阴 性	◆◆◆◆
生 长 速 度	◆
生长类型与株形	春 - 秋生长型 ／ⓒ
生长后的大小	高度：约 3 厘米／以生长点为中心直径：约 12 厘米

好像拟石莲花属一般，叶片呈莲座状地扩散。叶尖上有大大的窗，很有家居饰品的感觉。性质较为强健，好养易活。

条纹十二卷 *(Haworthia fasciata)*

抗 湿 热 性	◆◆◆◆
耐 阴 性	◆◆◆◆
生 长 速 度	◆
生长类型与株形	春 - 秋生长型 ／ⓒ
生长后的大小	高度：约 9 厘米／以生长点为中心直径：约 12 厘米

顶端尖耸的叶片上，有着斑马纹一般的独特花纹，质感较为硬实。本性强健，但不耐夏日的强烈光照，须多加注意。

百合科 (Liliaceae)

鲨鱼掌属

Gasteria

百合科

原 生 地：南非等地。

姿态的特征：长着坚硬的舌头状叶片，形状独特，存在感十足。大多数品种都会茂密地群生。属名是因为红色花朵与胃部（在古希腊语中是gastric）的形状十分相似而取的。

特　　　性：抗旱及抗寒能力很强，但要避开酷暑的直射阳光。可在弱光下养育，拉上薄纱窗帘的窗户边是最为理想的摆放地点。只要不是过于干燥，叶片的光泽度会很好。

景天科
(Crassulaceae)

大戟科
(Euphorbiaceae)

马齿苋科
(Portulacaceae)

百合科
(Liliaceae)

番杏科
(Aizoaceae)

龙舌兰科
(Agavaceae)

菊科
(Asteraceae)

仙人掌科
(Cactaceae)

卧牛 *(Gasteria armstrongii)*

抗湿热性	◆◆◆◆
耐阴性	◆◆◆◆
生长速度	◆
生长类型与株形	春 - 秋生长型／C
生长后的大小	高度：约3厘米／以生长点为中心直径：约5厘米

在鲨鱼掌属中，是能够侧生出许多子株而群生的小型品种。环境干燥的话，叶色会带红色。具有斑驳的点状花纹。

子宝 *(Gasteria gracilis var. minima)*

抗湿热性	◆◆◆◆
耐阴性	◆◆◆◆
生长速度	◆
生长类型与株形	春 - 秋生长型／C
生长后的大小	高度：约3厘米／以生长点为中心直径：约8厘米

放任不管也会不断侧生出子株来，是繁殖力旺盛的小生长型。"子宝"有些类型有斑纹，是强健好养品种。

小龟姬 *(Gasteria liliputana)*

抗湿热性	◆◆◆◆
耐阴性	◆◆◆◆
生长速度	◆
生长类型与株形	春 - 秋生长型／C
生长后的大小	高度：约3厘米／以生长点为中心直径：约4.5厘米

顶端尖锐的硬质叶片呈螺旋状扩散，茂密地群生在一起。经常会侧生子株，比较强健好养。

福来玉 (*Lithops fulleri N.E.Br.*)

带蓝意的灰色叶表上，如同烙印一般印着深棕色花纹。经过反反复复的脱皮，数年后会群生。

抗 湿 热 性	◆◆
耐 阴 性	◆◆
生 长 速 度	◆
生长类型与株形	秋 - 春生长型 ／ C
生长后的大小	高度：约 2 厘米／以生长点为中心直径：约 3 厘米

生石花属

Lithops 番杏科

原 生 地：南非等地。

姿态的特征：两片叶子连在一起，圆滚滚的奇特的姿态。根据种类不同，表面的花纹及颜色有所不同。会从中间的生长点开出白色及黄色的花朵。

特 性：抗寒性很强，忌高温潮湿，酷暑要断水。夏季要让表皮干燥以休眠，秋季之后会脱皮。稍微受冻没问题。

照波属

Bergeranthus 番杏科

原 生 地：南非等地。

姿态的特征：多肉质感的三棱形灰绿色叶片密集生长，好像草坪上的绿草茵茵。从秋季到夏季，长出短短的花柄，绽放带有光泽的菊花般的花朵。

特 性：大多数品种耐受酷热、寒冷、干燥的能力很强，稍微受冻也无妨，强健好养。

黄花照波
Bergeranthus multiceps (SALM-DYCK) SCHWANT

群生顶端尖尖的细长叶片。从夏季到秋季，午后 3 点左右会绽放黄色的花朵。耐寒性很强，耐潮湿性也不错。

抗 湿 热 性	◆◆◆◆
耐 阴 性	◆◆
生 长 速 度	◆
生长类型与株形	春 - 秋生长型 ／ C
生长后的大小	高度：约 3.5 厘米／以生长点为中心直径：约 4 厘米

甲蟹 (*Agave isthmnsi*)

顶端尖锐、边缘带有硬刺的叶片呈莲座状扩散。叶色是蓝灰色，具有装饰性极强的存在感。

抗 湿 热 性	◆◆◆◆
耐 阴 性	◆◆◆◆
生 长 速 度	◆
生长类型与株形	春 - 秋生长型 ／ C
生长后的大小	高度：约 25~30 厘米／以生长点为中心直径：约 40~50 厘米

龙舌兰属

Agave 龙舌兰科

原 生 地：中美洲。

姿态的特征：厚实坚硬的叶片顶端及侧面都有尖锐的角，以莲座状旺盛地扩散。植株大小及叶片的厚度等根据种类不同有所差异，但不论哪个品种都拥有雕刻般的外形，因而大受欢迎。

特 性：大多数品种抗酷热、寒冷、干燥的能力很强，稍微受冻也无妨。多数品种可以地栽。

景天科
(Crassulaceae)

大戟科
(Euphorbiaceae)

马齿苋科
(Portulacaceae)

百合科
(Liliaceae)

番杏科
(Aizoaceae)

龙舌兰科
(Agavaceae)

菊科
(Asteraceae)

仙人掌科
(Cactaceae)

千里光属

Senecio

菊科

原 生 地：非洲。

姿态的特征：有垂吊型及直立型等，颜色、形态都各式各样。开花时绽放如小菊花一般的白色、橘色、黄色花朵。切掉茎及叶片的话，会流出黏稠的白色黏液。

特　　性：大多数品种抗酷热与寒冷能力很强，稍微受冻也没事。虽然耐旱性强，但相较而言更喜欢水分。土壤干燥后，最好充分浇透，这样可以维持叶片的光泽。

菊科
(Asteraceae)

绿之铃 *(Senecio rowleyanus)*

抗 湿 热 性	◆◆◆◆
耐 阴 性	◆◆◆◆
生 长 速 度	◆◆
生长类型与株形	春 - 秋生长型／C
生长后的大小	因匍匐性向四面蔓延

青豌豆一般的圆形叶子，像项链一样串联在一起。叶片上有一条透明的"窗"。春季会开出白色花朵。

大型万宝 *(Senecio ficoides)*

抗 湿 热 性	
◆◆◆◆	
耐 阴 性	
◆◆◆◆	
生 长 速 度	
◆	
生长类型与株形	
春 - 秋生长型／A	
生长后的大小	

高度：约50厘米／以生长点为中心直径：约3厘米

带有白粉的青绿色叶片呈扁平的刀状，茎直立，上部分枝。从地面部分开始侧生子株而群生。春季开出白色花朵。

悬垂千里光 *(Senecio jacobsenii)*

抗 湿 热 性	◆◆◆◆
耐 阴 性	◆◆◆◆
生 长 速 度	◆
生长类型与株形	春 - 秋生长型／C
生长后的大小	高度：约5厘米／以生长点为中心直径：约3厘米

形状像饭勺般的叶片连接在一起，姿态独特。寒冬时期会着上淡淡的紫红色。此品种较为强健好养。

七宝树 *(Senecio articulatus)*

抗 湿 热 性	◆◆◆◆
耐 阴 性	◆◆◆◆
生 长 速 度	◆
生长类型与株形	春 - 秋生长型／A
生长后的大小	高度：约20厘米／以生长点为中心直径：约25厘米

如仙人掌般独特姿态。圆柱状伸直的青色茎干顶端，着生数片带锯齿状深裂的叶片。叶子微带紫色，散发出优雅的气息。

剑叶菊 *(Senecio.kleiniiformis)*

抗湿热性	◆◆◆◆
耐阴性	◆◆◆◆
生长速度	◆◆
生长类型与株形	春 - 秋生长型／A
生长后的大小	高度：约30厘米／以生长点为中心直径：约10厘米

叶片带刻齿并向内侧卷入，如同箭头一般尖锐。布满白粉的青蓝叶色也很美丽。可以生成块根。

美空 *(Senecio antandroi)*

抗湿热性	◆◆◆◆
耐阴性	◆◆◆◆
生长速度	◆◆◆
生长类型与株形	春 - 秋生长型／A
生长后的大小	高度：约50厘米／以生长点为中心直径：约8厘米

带白粉的青白色细长叶片尖锐突出，茎干直立。长大后可以欣赏到观叶植物一般的姿态。春季开出白色花朵。

蓝松 / 万宝
(Senecio serpens)

抗湿热性	◆◆◆◆
耐阴性	◆◆◆◆
生长速度	◆
生长类型与株形	春 - 秋生长型／A
生长后的大小	高度：约20厘米／以生长点为中心直径：约4厘米

众多厚实而细长的叶片着生在茎上，群生成大株。叶片带有白粉。春季伸出的花茎上开出白色花朵。

厚敦菊属

Othonna　菊科

原　生　地：南非等地。

姿态的特征：有匍匐性的类型和枝条粗壮、直立的类型，姿态各式各样。有能形成地下块茎的品种，也有不能的品种。春季开出黄色小花。

特　　　性：大多数品种抗酷热及寒冷、干燥的能力很强。夏季休眠的时候会落叶，因此要控制浇水。寒冬只要不受冻的话就没问题。

黄花新月 *(Othonna capensis)*

抗湿热性	◆◆◆◆
耐阴性	◆◆◆◆
生长速度	◆◆◆
生长类型与株形	春 - 秋生长型／C
生长后的大小	高度：约2厘米／以生长点为中心直径：约1.5厘米

光润明亮的绿色椭圆形叶片连接在一起，匍匐蔓延。寒冬时叶尖会带上淡淡的紫色。春季开出黄色花朵。

紫弦月 *(Othonna capensis 'Ruby Neckless')*

抗湿热性	◆◆◆◆
耐阴性	◆◆◆
生长速度	◆◆◆
生长类型与株形	春 - 秋生长型／C
生长后的大小	因匍匐性向四面蔓延

紫红色的细长藤蔓上着生圆筒形的叶片。气温下降后，红色加深。适合悬挂。春季和秋季开花。

菊科
(Asteraceae)

仙人掌类

Cactus

仙人掌科

原 生 地：南北美洲。

姿态的特征：茎呈筒形，也有球形，细小的叶片已变成针状或是退化消失。普通植物身上侧芽生发的部分，已经演变成了由叶子变形而成的刺所生长的"刺座"。大多数刺座上覆盖着绵毛。

特　　　性：原生地在干燥地带，因此储水组织十分发达，大多耐旱性强。但是，在仙人掌的原生地旱季与雨季十分分明，因此生育期也需要大量水分。

景天科
(Crassulaceae)

大戟科
(Euphorbiaceae)

马齿苋科
(Portulacaceae)

百合科
(Liliaceae)

番杏科
(Aizoaceae)

龙舌兰科
(Agavaceae)

菊科
(Asteraceae)

仙人掌科
(Cactaceae)

星球属 般若 / 美丽星球
(Astrophytum ornatum)

抗湿热性	◆◆◆
耐 阴 性	◆◆◆
生 长 速 度	◆◆◆
生 长 型	春 - 秋生长型
生长后的大小	高度：约1厘米／以生长点为中心直径：约15~28厘米（个体差异大）

表面带有白色斑点。长大后从球形变化成桶形或柱形。从春季到秋季会开出柠檬黄色的花朵。

乌羽玉属 乌羽玉
(Lophophora williamsii)

抗湿热性	◆◆
耐 阴 性	◆◆◆◆
生 长 速 度	◆◆
生 长 型	春 - 秋生长型
生长后的大小	高度：约10厘米／以生长点为中心直径：约5厘米

球形，群生。日照不足的话，容易遭受红蜘蛛的侵害，也有表面变脏的情况。春季会开出白色或粉红色的花朵。

嫁接仙人球 绯牡丹
(Gymnocalycium mihanovichii var. friedrichiif.)

抗湿热性	◆◆◆◆
耐 阴 性	◆◆◆◆
生 长 速 度	◆◆◆◆
生 长 型	春 - 秋生长型
生长后的大小	生长后的大小 高度：约8厘米／以生长点为中心直径：约3厘米

绿色的柱状砧木上长着红色接穗，形成如同小木偶人一般的姿态。忌低温和断水。从春季到初夏绽放粉红色的花朵。

银手指 *(Mammillaria gracilis PFEIFF var.fragilis)*

抗湿热性	◆◆◆
耐 阴 性	◆◆◆
生 长 速 度	◆◆◆◆
生 长 型	春 - 秋生长型
生长后的大小	高度：约10厘米／以生长点为中心直径：约4厘米

白色细刺密集丛生的小型仙人球。大量侧生子株而群生。春季开出粉红色的花朵。强健好养。

乳突球属 多毛龟甲殿
(Mammillaria bucareliensis)

抗湿热性	◆◆◆
耐 阴 性	◆◆◆◆
生 长 速 度	◆◆◆◆
生 长 型	春 - 秋生长型
生长后的大小	高度：约10厘米／以生长点为中心直径：约10厘米

刺不太发达，白色绵毛十分突出。春季会在突起处的旁边和刺座两侧开出粉红色花朵。强健好养。

裸萼球属 新天地 (*Gymnocalycium saglionis*)

抗 湿 热 性	◆◆
耐 阴 性	◆◆◆◆
生 长 速 度	◆◆◆◆
生 长 型	春 - 秋生长型
生长后的大小	高度：约 30 厘米／以生长点为中心直径：约 30 厘米

大型的球形仙人球。植株长大后会直立向上。十分强健，能接受强烈阳光。春季开出白色花朵。

多棱球属 缩玉
(*Echinofossulocactus zacatecasensis Britt. et Rose*)

抗 湿 热 性	◆◆◆
耐 阴 性	◆◆◆
生 长 速 度	◆◆◆
生 长 型	春 - 秋生长型
生长后的大小	高度：约 10 厘米／以生长点为中心直径：约 10 厘米

球形，具有弯曲的棱角。植株生长后会直立向上。春季开出紫白色的条纹花朵。抗寒性弱。

乳突球属 高砂
(*Mammillaria bocasana POSELGER*)

抗 湿 热 性	◆◆◆
耐 阴 性	◆◆◆
生 长 速 度	◆◆◆◆
生 长 型	春 - 秋生长型

高度：约 6 厘米／以生长点为中心直径：约 5 厘米

球形仙人掌。被簇生的毛（刺）包裹着。春季开出粉红色和黄色的花朵。强健好养。

星球属 鸾凤玉 (*Astrophytum myriostigma*)

抗 湿 热 性	◆◆◆
耐 阴 性	◆◆◆
生 长 速 度	◆◆◆
生 长 型	春 - 秋生长型
生长后的大小	高度：约 30~50 厘米／以生长点为中心直径：约 15~25 厘米（个体差异大）

最初是球形，后来会变化为柱形。栽培十分容易，也很容易开花，从春季到秋季开放柠檬黄色的花朵。

白桃扇 (*Opuntia microdasys var.albispina*)

抗 湿 热 性	◆◆◆
耐 阴 性	◆◆
生 长 速 度	◆◆◆◆◆
生 长 型	春 - 秋生长型
生长后的大小	

高度：约 90 厘米／以生长点为中心直径：约 1.8 厘米

团扇状的茎形成群生，白色的刺座好像一个个小圆球点缀在茎表。初夏开出柠檬黄色的花朵。细小的刺很容易脱落扎手，养护时要小心。

乳突球属 金星
(*Mammillaria longimamma*)

抗 湿 热 性	◆◆◆
耐 阴 性	◆◆◆◆
生 长 速 度	◆◆◆◆
生 长 型	春 - 秋生长型
生长后的大小	高度：约 15 厘米／以生长点为中心直径：约 12 厘米

茎上的长椭圆形凸起如同海胆一般，姿态奇特。长大后形成群生。表皮柔软，春季开出黄色的花朵。

景天科
(*Crassulaceae*)

大戟科
(*Euphorbiaceae*)

马齿苋科
(*Portulacaceae*)

百合科
(*Liliaceae*)

番杏科
(*Aizoaceae*)

龙舌兰科
(*Agavaceae*)

菊科
(*Asteraceae*)

仙人掌科
(*Cactaceae*)

利用网络和花市寻找心爱的多肉

精选人气多肉植物店

多肉植物品种丰富，你是喜欢到园艺店里现场选择，还是到网络上淘寻罕见的珍品？或者更喜欢跟花友神聊交流？

在此我们介绍一些小编认为有用的多肉植物资源。

仙人论坛

一个非常有历史的多肉论坛，很多爱好者都是从这里进入了仙人掌和多肉的世界。

http://www.cacties.com/bbs/

仙珍园

有景天和番杏专区，以及晒图和栽培经验的分享，是一个适合充满乐趣与参与感的论坛。

http://www.xianzhenyuan.cn/

百度贴吧多肉吧

熟悉百度贴吧的花友一定会喜欢这里，有大量晒图和各种稀奇古怪的问题。

http://tieba.baidu.com/f?kw=%B6%E0%C8%E2

小室多肉植物馆

主推和风系列，从器皿与植物的选择上，都有着细致、精美的风格。漂亮的植物图片很值得欣赏。

http://nickmarc.taobao.com/

多洛库花园

工作室地址：上海市延庆路140号铁门内老洋房。园艺，令生活充满美与乐。成立于2012年2月，坐落于上海市徐汇区延庆路140号，一座法租界区的老式洋房花园内，一座不定期举办园艺线下活动的私密花园。

http://doroq.taobao.com/

炮弹花铺

店主名叫肉丝炮弹，位于杭州。有自建大棚可供批发，还主打从韩国及德国进口的精品多肉和花盆容器等。

http://pdhp.taobao.com/?spm=a1z10.1.0.0.uZcsJv

夏小姐的多肉世界

精美的图片，可爱的搭配，非常有文艺范儿的一家店铺。店主甚至还开了一家夏小姐的多肉旅馆，位于厦门思明区筼筜路1号西堤别墅。

http://missxia0592.taobao.com

绿手指园艺微博

绿手指图书编辑部官方微博。花友们互动交流的平台。

新浪微博:@绿手指园艺

北京莱太花卉市场

地址：北京市朝阳区麦子店西路九号。
北京市内的著名花卉市场，有多种多肉种苗和小型盆栽出售，最近比较流行的是在玻璃容器里的多肉组合。

上海孙桥花卉市场

地址：上海市孙桥路600号。
上海浦东的大型花卉批发市场，多肉品种不多，但是胜在价格便宜，还有很多容器可以选择，当然，也可以买些其它的应季花卉。

绿手指新书推荐

花园爱好者的灵感来源
来自德国的资深园艺设计师携手国际著名摄影师，合力打造了这套精美绝伦的花园设计系列丛书。无论是风格独特的现代花园，还是自然纯朴的乡村花园，抑或充满异域情调的地中海式花园，都能在本套丛书中找到创作的灵感，帮你实现梦想中的"完美花园"。

绿手指新书推荐

GREEN FINGERS

绿手指园艺出品
——多肉植物系列

图书在版编目(CIP)数据

多肉植物玩赏手册 /（日）FG武蔵编；药草花园，
Miss Z译.

-- 武汉：湖北科学技术出版社，2014.6（2015.6，重印）
（花草生活系列）

ISBN 978-7-5352-6599-9

Ⅰ.①多… Ⅱ.①F… ②药… ③M… Ⅲ.①多浆植物
—观赏园艺—手册 Ⅳ.①S682.33-62

中国版本图书馆CIP数据核字(2014)第050769号

责任编辑：唐洁 李佳妮

装帧设计：戴旻

出版发行：湖北科学技术出版社

开本：1/16

印张：8

地址：武汉市雄楚大街268号湖北出版文化城B座13～14层

电话：(027)87679468

邮编：430070

印刷：武汉市金港彩印有限公司

邮编：430023

2014年6月第1版

2015年6月第2次印刷

定价：35.00元

本书如有印装质量问题可找承印厂更换。

多肉植物
玩赏手册
DECO

Succulent Plant Decorations

© FG MUSASHI Co.,Ltd.　2011

All rights reserved.

Originally published in Japan in 2011
by FG MUSASHI Co.,Ltd.

Chinese (in simplified characters only)
translation rights arranged with
FG MUSASHI Co.,Ltd. through Toppan
Printing Co., Ltd.